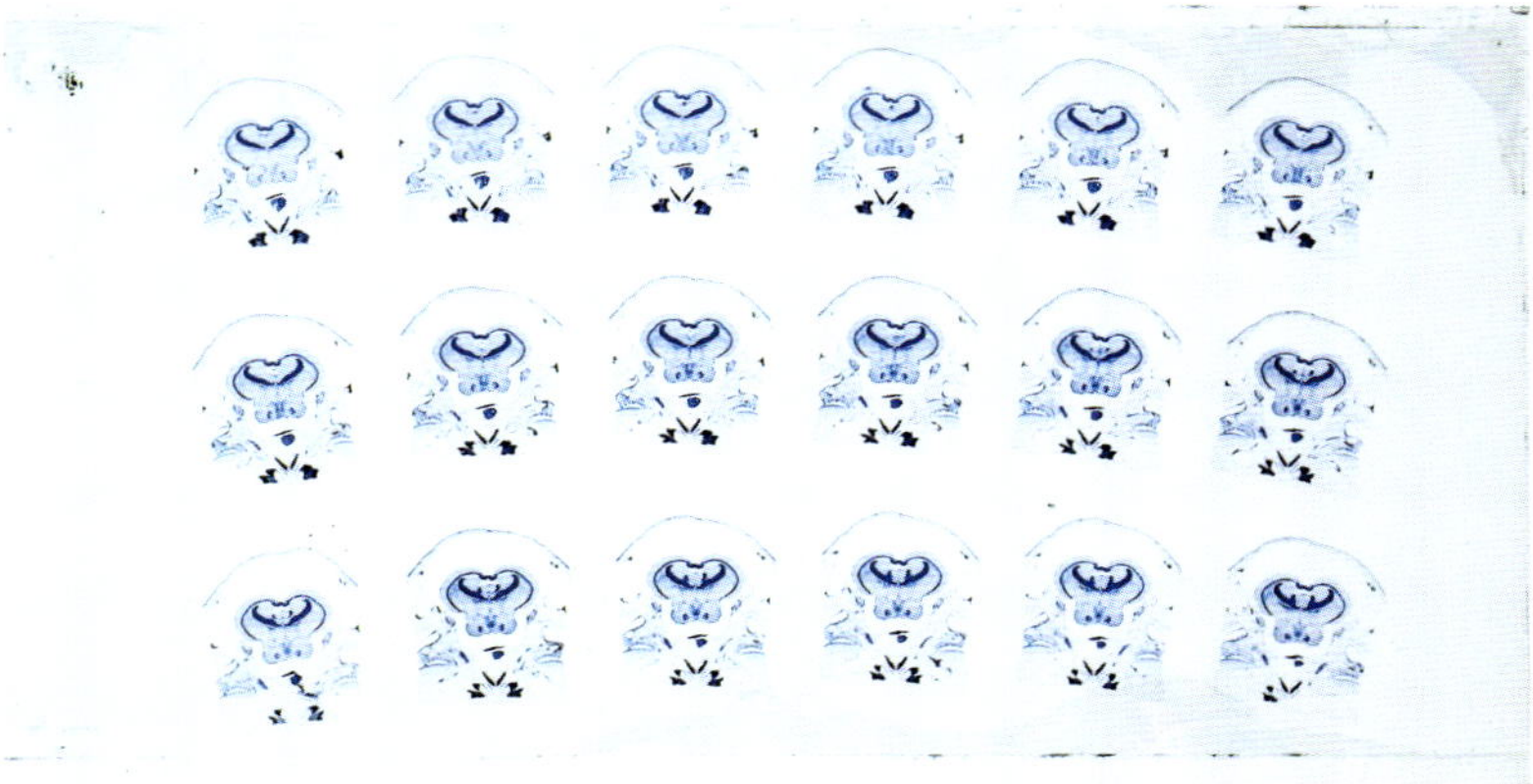

口絵1　S君がニューロンの数を数えた、キンギョの脳の組織切片標本（池永隆徳氏作成）。
薄くスライスした脳が多数貼り付けられたスライドガラス。

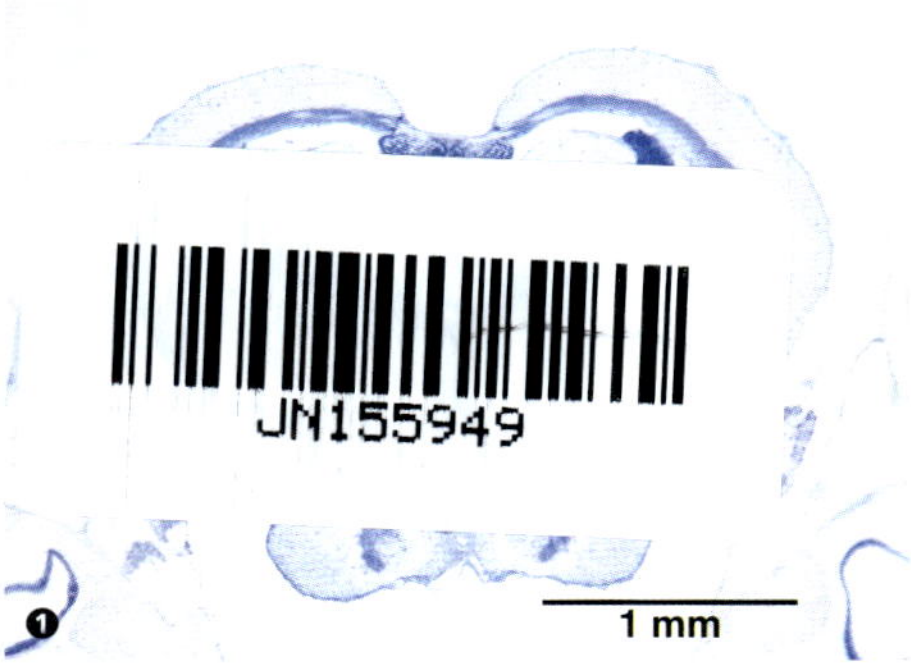

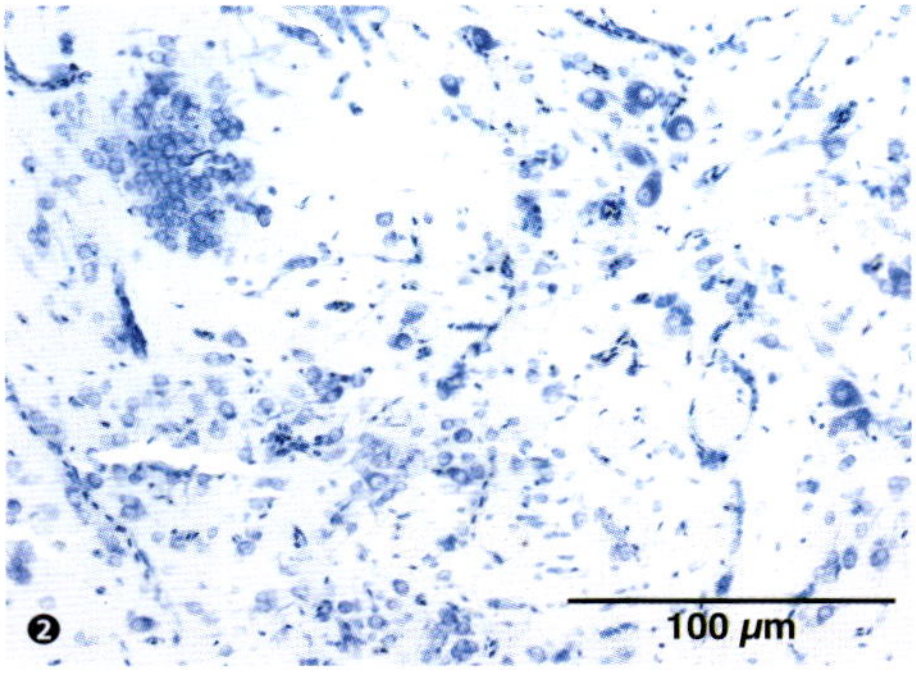

❶脳の断面。
❷断面の拡大写真。いろいろな大きさのニューロンが不均一に分布している。

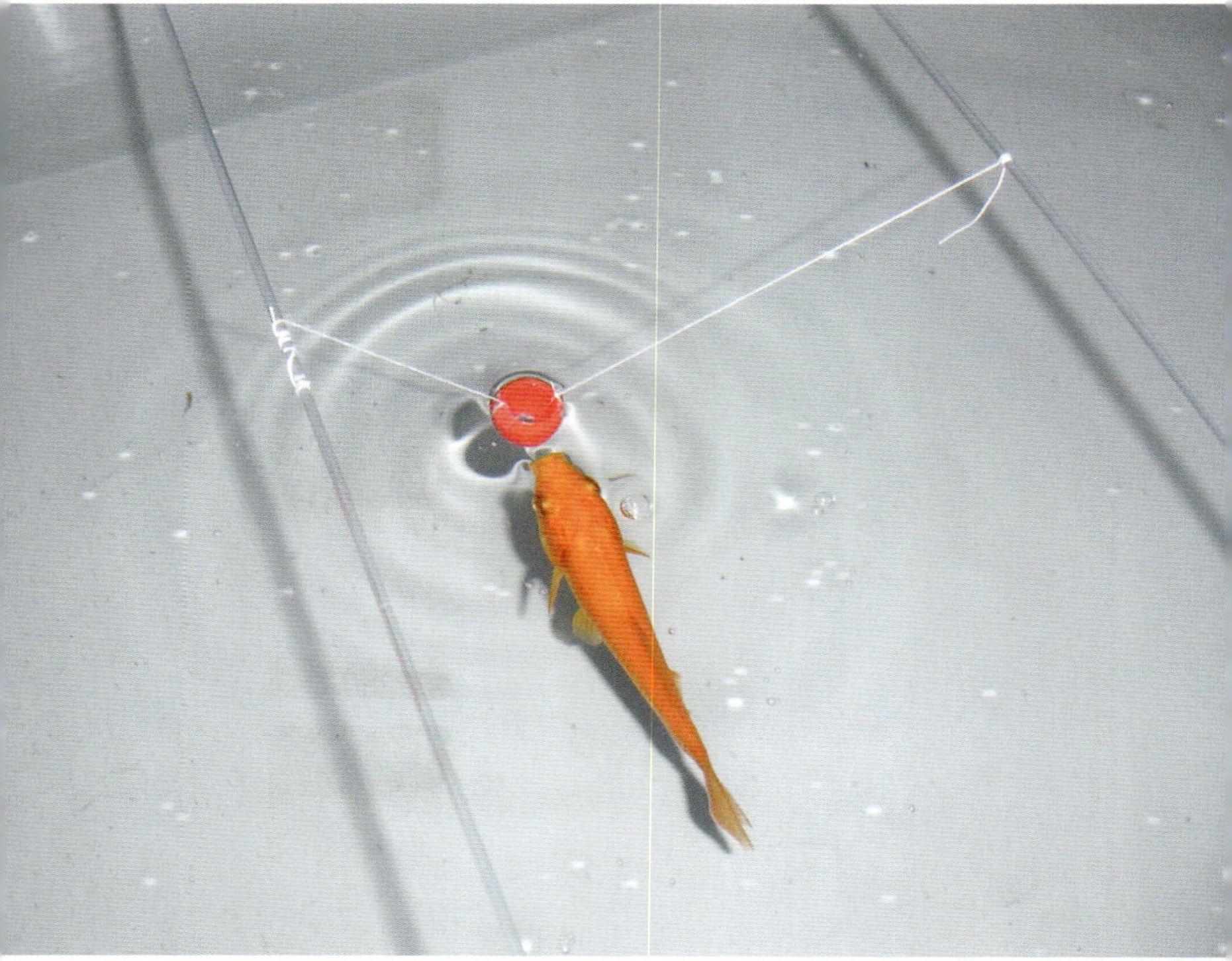

口絵2　ウキをつつきに来たキンギョ。

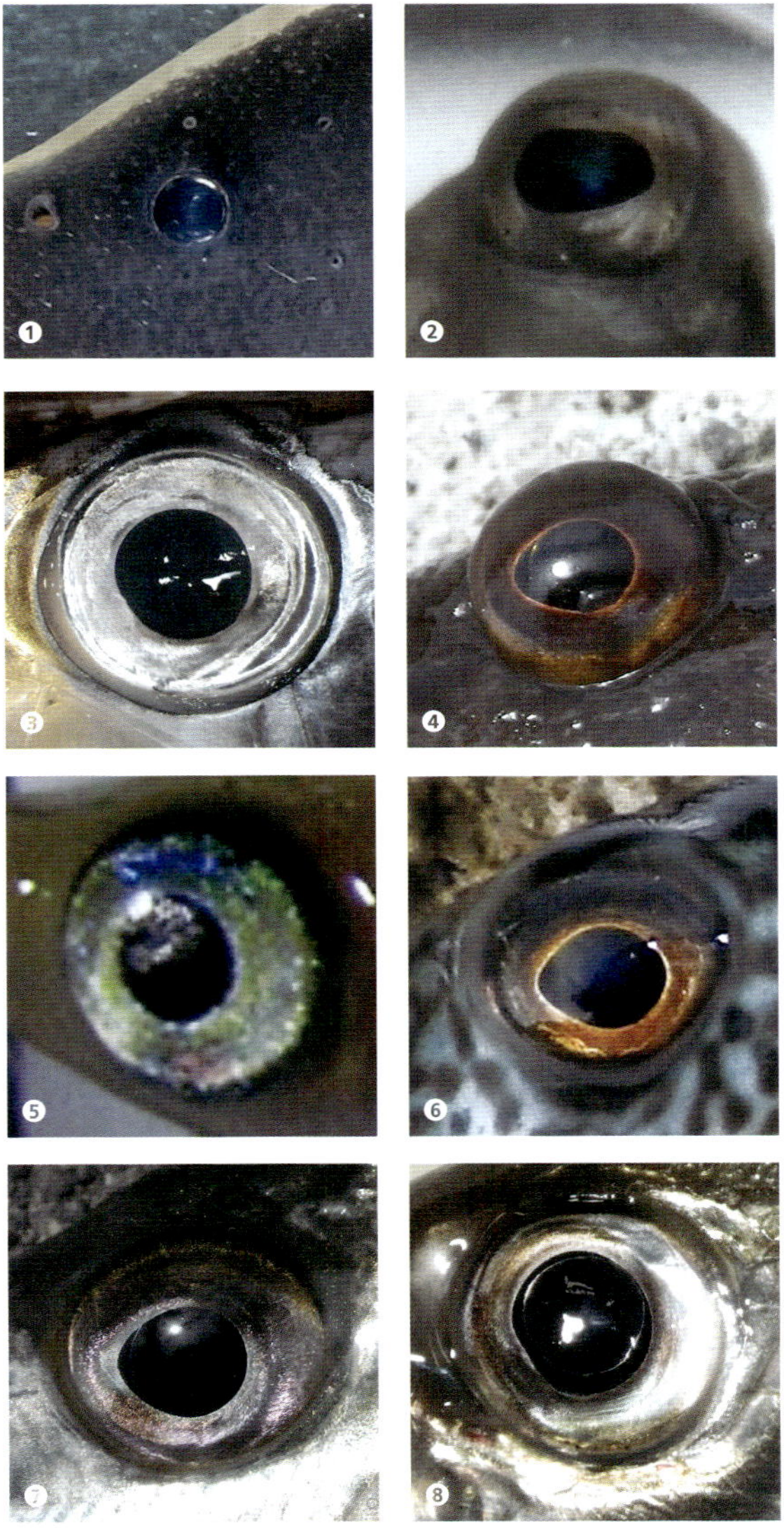

口絵3　サカナの眼いろいろ（左側が前方）。サカナの種類は7章末に記載。

口絵4　T君が細胞を数えた、トビハゼの網膜の顕微鏡写真。薄紫に染まった、やや大きめの細胞が神経節細胞（太い矢印）。濃く染まった小さめの細胞は別の種類（細い矢印）。

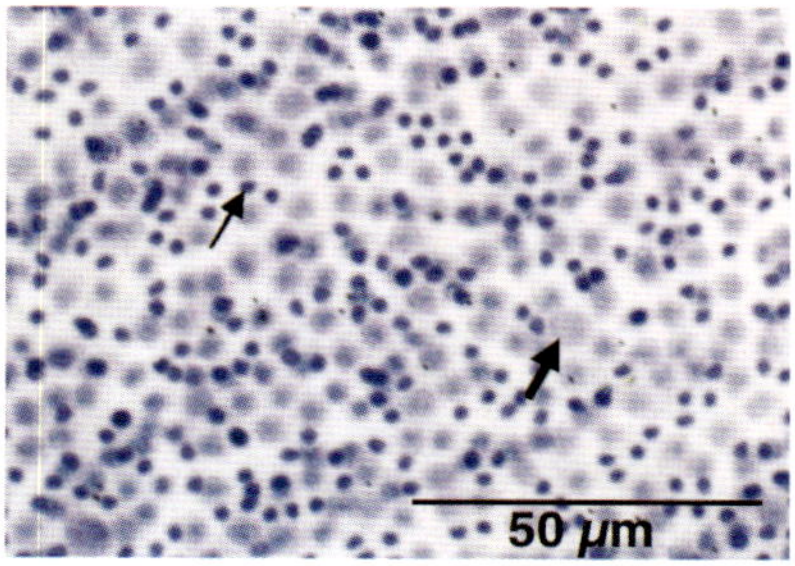

キンギョ A

左眼

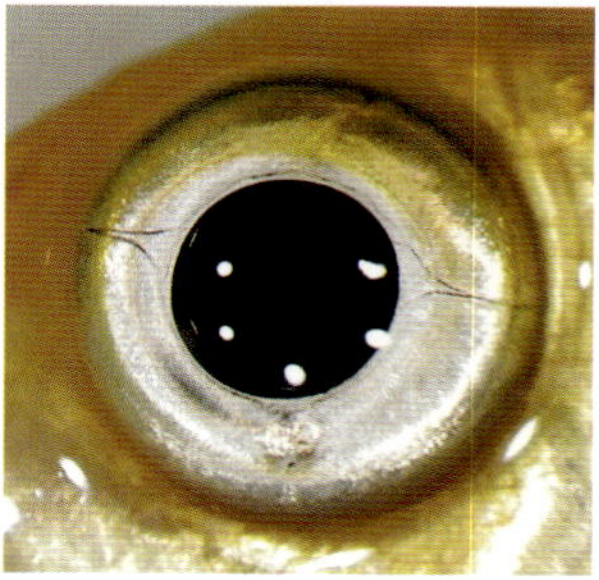

右眼

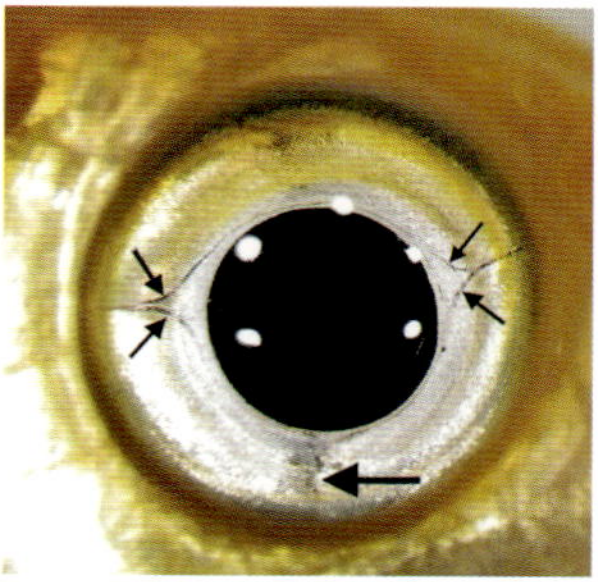

キンギョ B

左眼

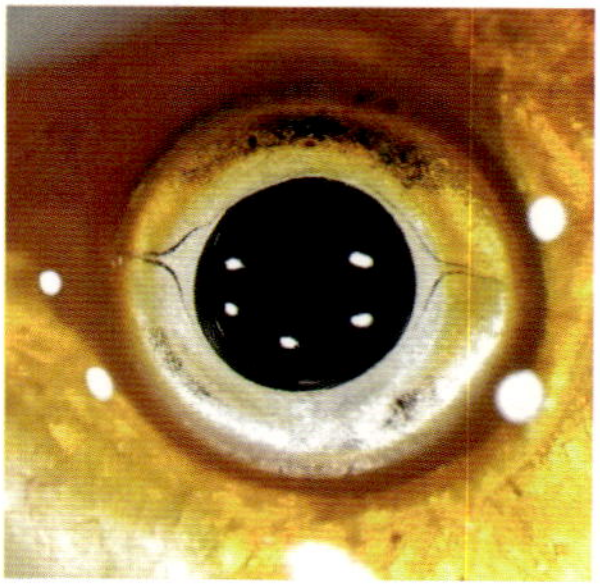

右眼

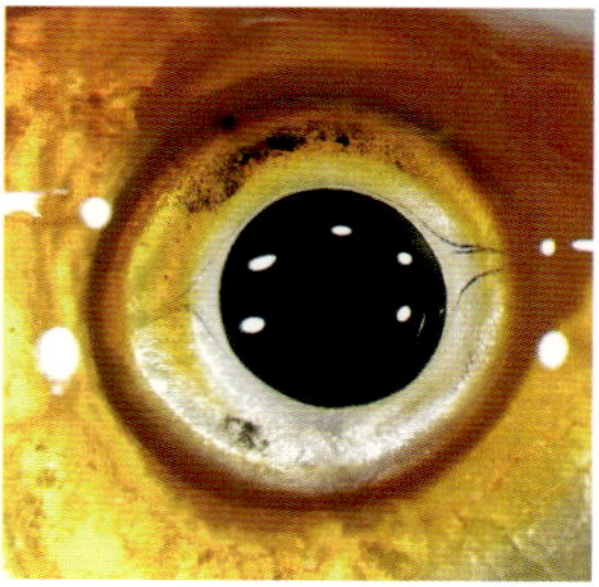

口絵5　これでキンギョが見分けられる、キンギョの眼の虹彩部分にあるスジ（細い矢印）。眼の腹側にあるくぼみ（太い矢印）との位置関係も重要な特徴になる。

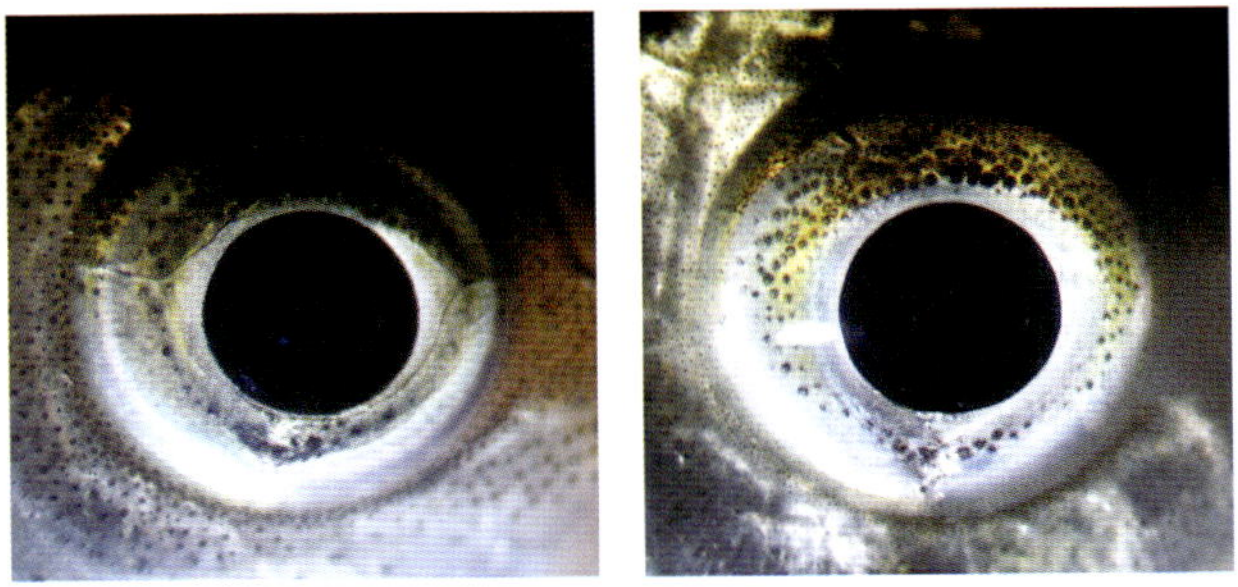

口絵6　ギンブナの眼。小さな個体（左、全長55ミリメートル）ではスジが見えるが、大きな個体（右、全長125ミリメートル）では見えなくなってしまう。

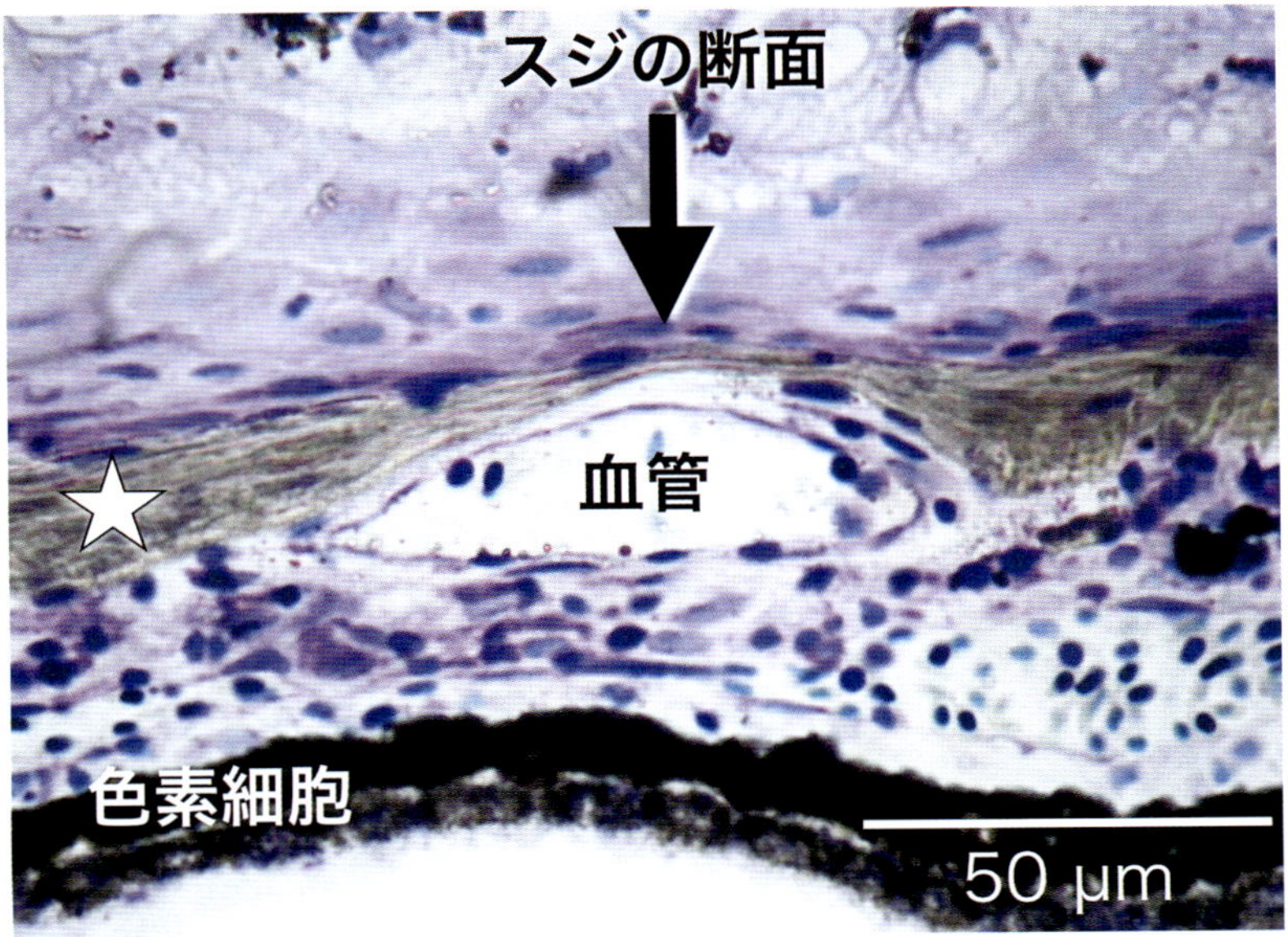

口絵7　スジの部分の断面の顕微鏡写真。太い血管がある部分は、光を反射するグアニン結晶の層（星印）が薄くなっているので、外からは黒く見える。

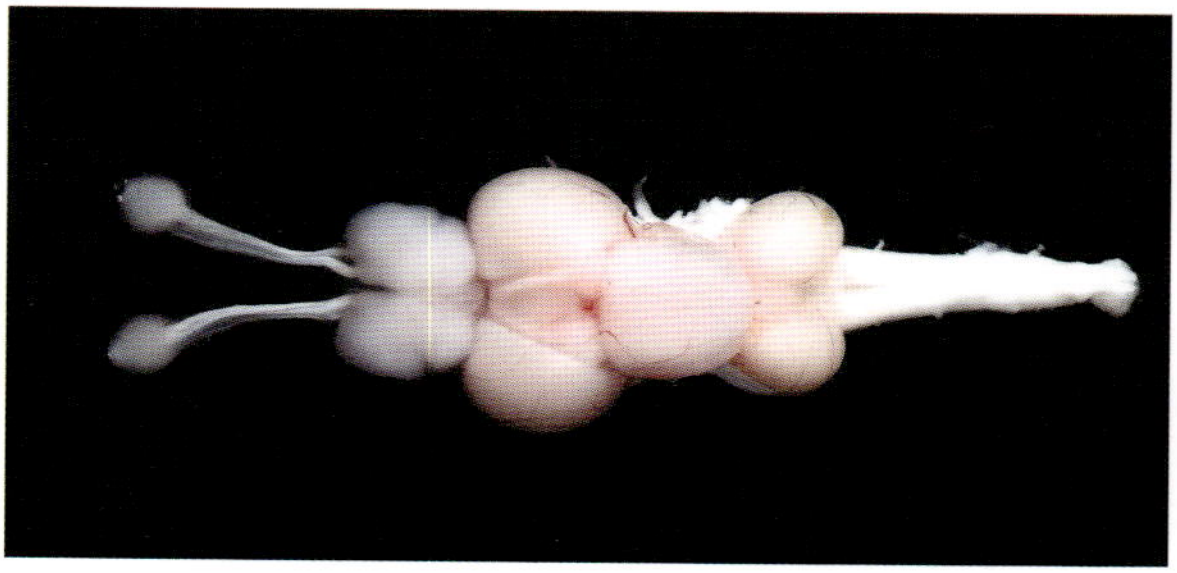

口絵8　キンギョの脳。化学処理していない新鮮な標本なので、本来の色が見えている。

タチウオ

スズキ目　タチウオ科

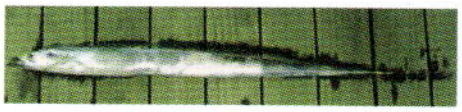

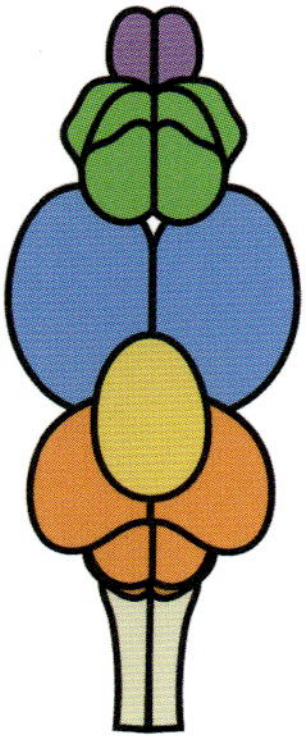

内耳・側線葉が発達し、水の振動を捉える側線感覚や平衡感覚が優れている。

カサゴ

カサゴ目　フサカサゴ科

終脳がよく発達しており、空間認知に優れていることが想像される。磯などの複雑な地形に棲むサカナによく見られるタイプ。

キンギョ

コイ目　コイ科

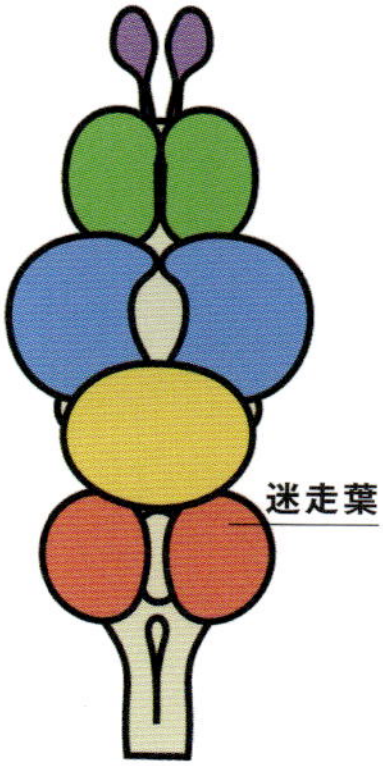

迷走葉の発達が著しく、口内でエサを選別することが得意。キンギョが水底の砂利などを口に入れてモグモグしているのはこのため。

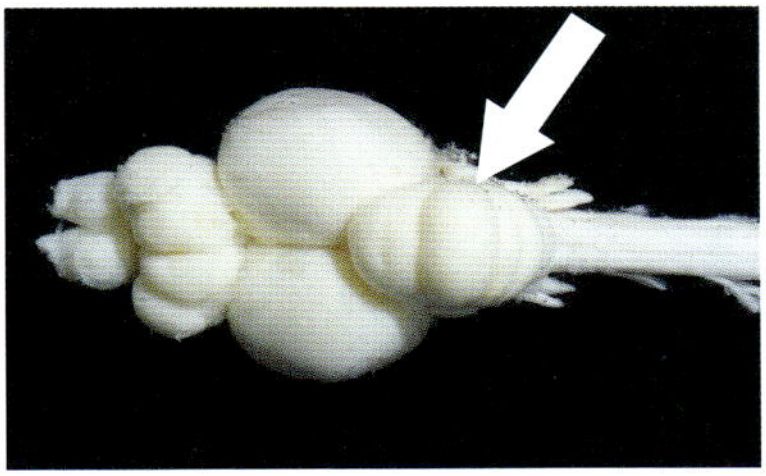

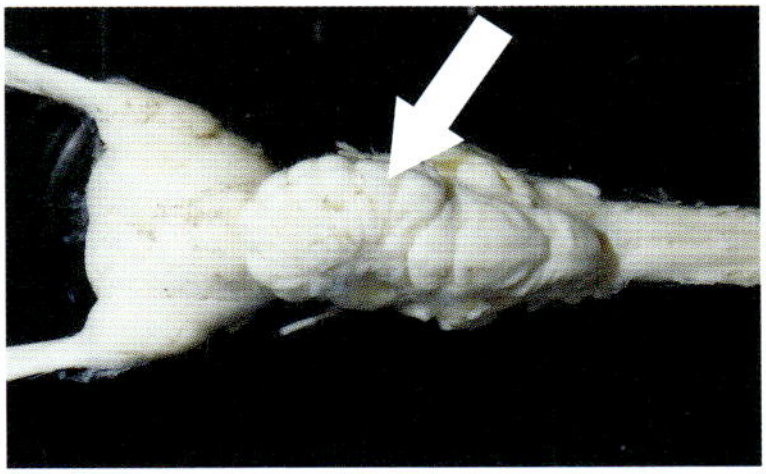

口絵9　ヒラマサ（左）とアカエイ（右）の脳の写真。小脳（矢印）にシワがある。

口絵10
いろいろなサカナの脳の特徴

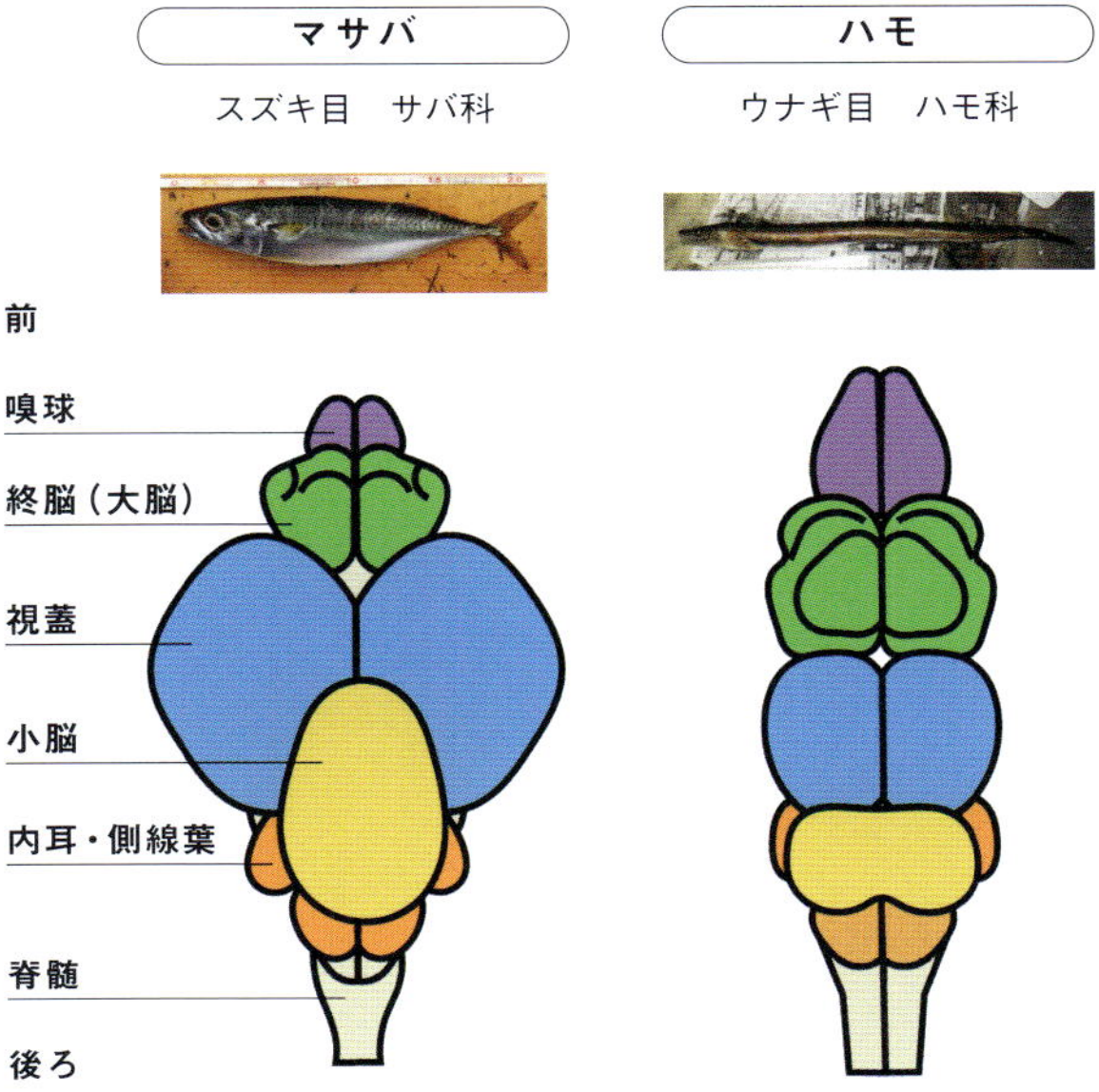

小脳と視蓋が発達し、活発に泳ぎ回って視覚でエサを見つけるのが得意。体形も高速遊泳に適している。

嗅球がよく発達しており、嗅覚に優れていることがわかる。夜行性で、匂いを頼りにエサを探すのが得意。

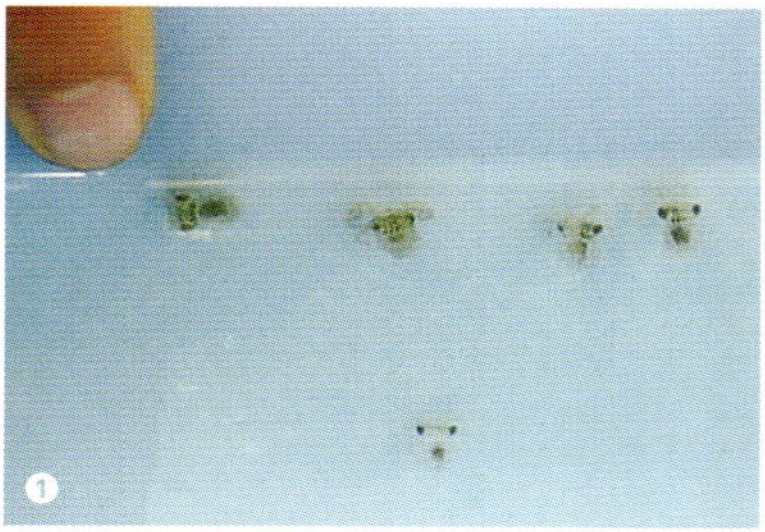

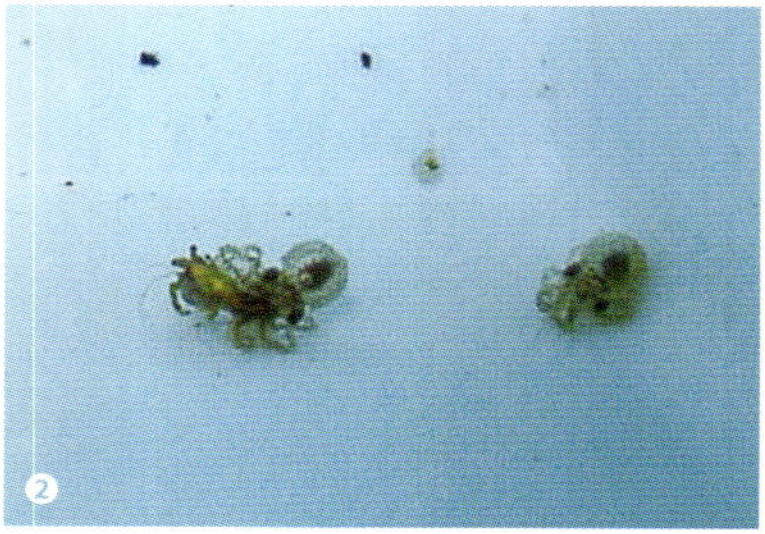

口絵11　❶孵化したてのイイダコの赤ちゃん。❷ヤドカリを捕食する稚ダコ。❸やや成長したイイダコ。

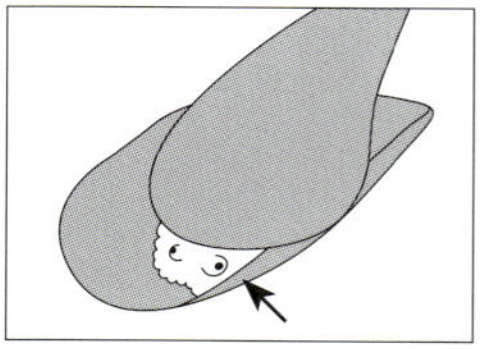

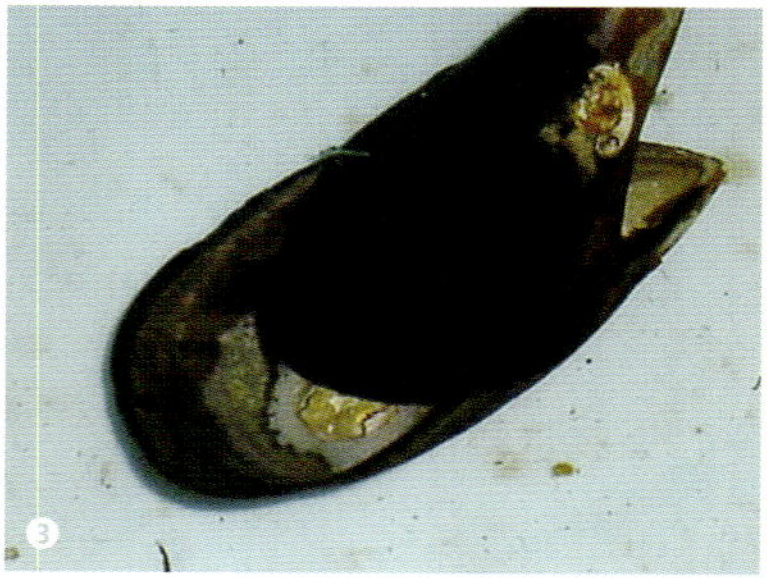

口絵12　ハゼいろいろ。左からヒメハゼ、キヌバリ、ホシノハゼ。

魚だって考える

キンギョの好奇心、ハゼの空間認知

吉田将之［著］

築地書館

まえがき　サカナにはサカナの考えがある

サカナだって考えているはずだ。でも何を？　どのように？　どれぐらい複雑に？　どれぐらい深く？

感覚や運動も含めて、脳のどのようなはたらきが「サカナの考え」を作り出しているのかを明らかにしたい。とは言うものの、正直なところ、研究はほとんど進んでいないと言ってよい。

サカナはヒトが理解できるような言語をもっていない。

「今、何を考えてそんなことをしたんですか」

などと聞くわけにはいかない。行動とか、感覚器とか、脳のつくりなんかから少しずつ解きほぐしていくことになる。

広島大学にあるわたしの研究室[*1]「こころの生物学」研究室では、「サカナが何かを考えるしくみ」について、生物学の立場から研究している。

サカナがもっているしくみ、たとえばサカナの心の作られ方、を理解することは、人間の理解にもつながる。もちろん、サカナにはサカナなりの、ヒトにはヒトなりの心がある。その一方で、進化的に共通の祖先をもっている以上、基本的な、かつとても重要な部分で、心のしくみを共有しているのだ。

動物の心のはたらきを生物学的に研究する学問を、「バイオサイコロジー（生物心理学）」とよぶ。バイオサイコロジーは、心理と行動の生物学的研究を行う分野である。行動神経科学というよびかたを好む人もいる。

単に「心理学」というと、ヒトの心のはたらきを推し量り、その発達の理解とか、実社会での応用を念頭に置いた学問であるという印象が強い。そしてこれに「比較」とか「生物」とかがつくと、動物全般を対象にした基礎学問という響きになる。

「こころの生物学」研究室では、捕る、飼う、増やす、を基本としている。そのうえで、サカナにいろいろな課題を与えて行動を観察したり、脳の構造やニューロン（神経細胞[*2]）のはたらきを実験的に調べていく。

そしてこれらすべてを組み合わせて、「サカナがこういうことを考えている時には、脳や感覚や運動がこのようにはたらいているのです」と主張したい（と願っている）。

たいていはうまくいかないし、うまくいってもなかなか進まない。

捕ったはいいが、飼育できない。せっかくうまく飼育しても、実験失敗。などなど。

でも時には、ああそうなっているのか、と大きな達成感に浸ることだってある。そんな時、きっと出てます脳内麻薬[*3]。

サカナの声なき声を聞くために、幾多の学生たちとともに格闘してきた。

たいてい、研究についての報道は、成果のみである。

「これこれについての研究により、このような発見がなされました。以上」

いやいや、べつに、わたしたちの研究はハデに報道されるようなものでもないし……とひがんでいるのではない。このようなことに興味をもって、日々奮闘している若者たち（もちろんわたしも含む）もいることを、ちょっとだけ知ってもらいたいのだ。

手足に測定用の押しボタンを装着し、身動きがとれなくなるとか。サカナに音楽を聞かせているようにしか見えないとか。細胞の数を数えすぎて、水玉模様を見るとついつい数を数えるようになってしまったり（もう治ったようです）。せっかくとった卵が全滅してしまったり。研究の現場は、常に汗と涙にまみれている。

この本には、わたしの研究室にいた何人かの学生が登場する。わたしは学生をよぶ時には、性別にかかわらず「○○君」で通している。この本の中でもそれにならい、すべて「○君」とした。性別は重要ではないので、気にしなくて結構です。適当に想像していただいてもよい。

サカナたちが何を考えながら生活しているのかを想像することは、別の角度から人間を眺めることでもある。もちろん、わたしたちはサカナではない。だから、本当の意味で「サカナであるということとはどういうことか」を理解（実感と言ったほうがよいか）するのは難しい。どうしても、擬人化[*4]を通じて理解に「近づく」しかない。

サカナに限らず、動物を研究するうえで、擬人化というのは一種のタブーとなっている。客観的でないというわけだ。でも、動物の心を理解しようとする試みを、擬人化なしで乗り切ろうというのはかえって無理があるのではないか。

だってわたしら人間だもの、人間の心身を通してしか物事を見ることはできない。

マグロそっくりに泳ぐロボットを作ったって、ナマズのヒゲの感覚を再現するプログラムを作ったって、結局は、それが「どんな感じか」を理解したがっているのは人間ですからね。

こう考えると、擬人化も全否定されるべきものではないはずだ。もちろん、単なる当て推量ではなく、科学的な事実を踏まえたうえでの話だけれど。

尊敬するドナルド・R・グリフィン先生も述べている。「動物たちは、自分たちにとって明らかに重要かつ単純なことがらについては何か考えているかもしれない、という可能性がある以上、擬人化に対する（予断と偏見にもとづいた）非難というのは、最も単純な意識的思考ですら、それが可能なのはわれわれ人間だけであるといううぬぼれた主張である」（Griffin, 1992, 著者訳）。

サカナは水の中に棲んでいるし、膨大な種類（2万5000種を超える。哺乳類はその5分の1以下）が、それぞれの得意分野を活かした生き方をしている。人間を基準にしたものさしでは測りきれない。

だからといって、あきらめる必要はない。さいわいわたしたちは想像し、共感するという優れた能力をもっている。

この本では、サカナのいろいろな行動や脳のはたらきの研究について、適度な擬人化を交えながら紹介するつもりだ。「こころの生物学」研究室での研究活動を中心とするが、いろいろな研究者が報告してきた面白い発見にも注目する。そして、サカナたちが一体何を考えながら生活しているのかを想像してみたい。驚くべき能力と、もしかしたら豊かな内面的世界が広がっているかもしれない。

＊1　**わたしの研究室**：正式には、「広島大学大学院生物圏科学研究科生物資源科学専攻水圏生物生産学講座水族生理学研究室」という。舌を噛みそうだ。

＊2　**ニューロン（神経細胞）**：脳を含む神経系を構成する主要な要素で、互いにコミュニケーションしながら情報処理を行う単位となる細胞。

＊3　**脳内麻薬**：モルヒネのような作用をもつ脳内の情報伝達物質で、痛みを抑えたり気分を高揚させたりするはたらきをもつ。

＊4　**擬人化**：人間ではないもの（無生物を含む）を、人間になぞらえること。擬人観ともいう。

水族生理学　吉田将之「こころの生物学」研究室

魚は世界をどのようにとらえ、何を考えているのか、
魚の「こころ」を生物学的に解明します。

何をするのか

- 採集・飼育・繁殖
- 行動の観察
- 脳の構造と活動の観察
- 心理学的な実験

大学院生の瀧山智君が作成してくれた、「こころの生物学」研究室の紹介イラスト。

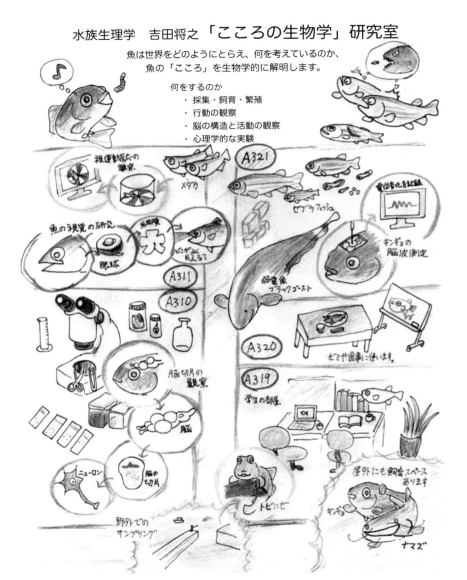

魚だって考える　目次

章扉イラスト：著者

1　サカナの脳は小さいか

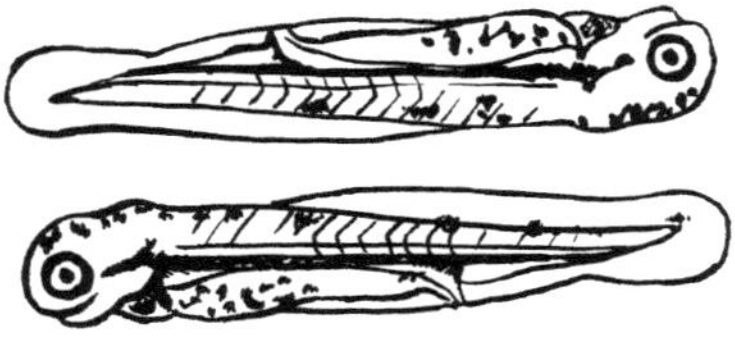

キンギョ仔魚

キンギョ vs ハト

サカナとネズミを比べたら、当然ネズミのほうが賢い。ましてや人間様と比べるなんて。ふつうそう思う。でも本当にそうか？　ひょっとして、物事の見方の問題なのではないか。

そんな疑問をもってサカナや他の動物を見てみると、なんだか自信がなくなってくる。サカナにはサカナなりの考え方というものがあろう。人間にとってのアタマの良さの延長線上で考えれば、人間が一番賢い。だって人間の得意分野で、人間のルールで勝負するのだから当然である。

もう少しサカナの生活に寄り添って、サカナにとっての賢さに思いを馳せてみようではないか。

さて、動物の賢さについて、いわゆる知能指数*1（IQ：Intelligence Quotient）なんてものが使えるといいのだが、あれは当然人間向けに作られたもので、他の動物には使えない。

そもそも、知能指数は人間の知性を全く正しく反映していないと主張する学者もいるくらいだ。

そういえば、心の知能指数*2（EQ：Emotional Quotient）なんていうのもしばらく前に流行りましたね。

それでは、サカナの賢さを他の動物と比較するために、共通の問題に直面させてみよう。「弁別逆転課題」という学習実験課題がある。

ケージ（あるいは水槽）の壁にスイッチ（ライトにもなっている）が2つ並んでいて、これらが同時に点灯する。この時、左側のスイッチを押す（つつく）とエサが出てくるようになっている。この状態でしばらくトレーニングすると、ラットで8割、キンギョで6・5割の正答率で、ライトが点いた時に左側のスイッチを押すようになる。

そうだよね、キンギョだってこれぐらいできるよね。

実はこの課題は、ここからが意地悪なのである。

十分に正答率が高くなったところで、その翌日は右側のスイッチを正答にする。その翌日はまた左側が正答、その翌日は右側が正答……というように、毎日正答側を逆転するのである。

みなさんならどうしますか。そうですよね、逆転するようになって2、3日目には、「昨日

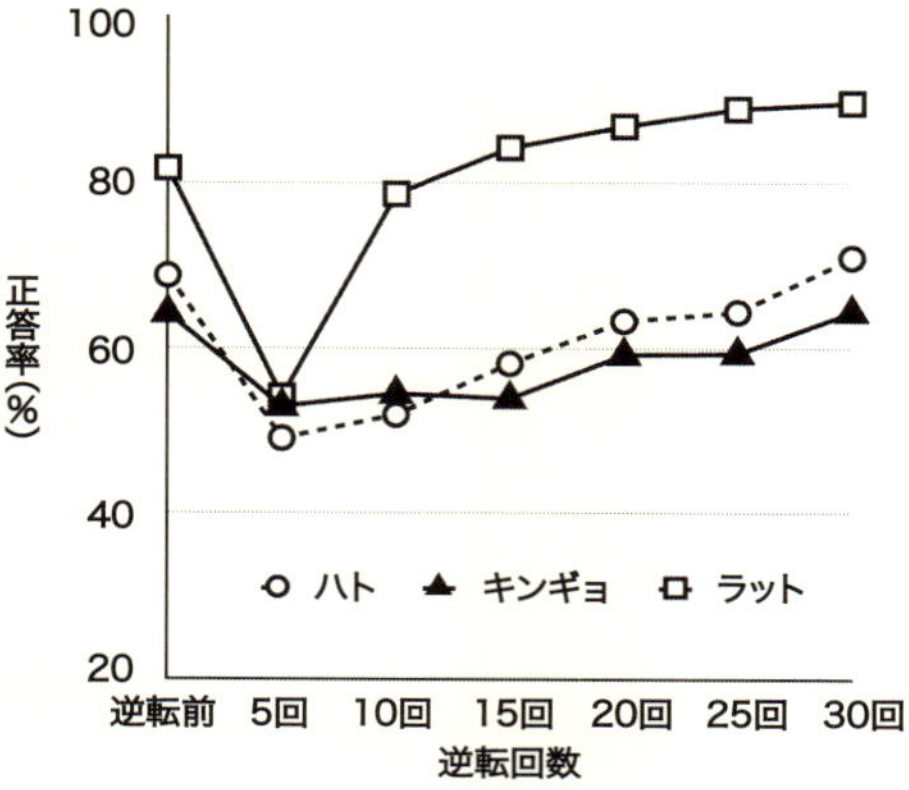

図1－1　弁別逆転課題における、ハト、キンギョ、ラットの成績（Mackintosh and Cauty, 1971 をもとに作成）。

とは逆側が正解」ということ、つまりルールを学習するだろう。ラットも、同様のことを学ぶことができて、10日を過ぎる頃には、もともとの正答率を示すようになる（図1－1）。

さて我らがキンギョはというと、これがなかなかできない。正答率はわずかずつ上昇するようだが、30日間逆転を繰り返して、やっと元のレベルになる程度だ。

やっぱり、キンギョではネズミの賢さにはかなわないよね……とがっかりすることはない。サカナにとって、本来このようなルールを学習する必要がない（もしくは学習しないほうがいい）からかもしれないではないか。

同じグラフに、ハトの成績も示してある。なんと、キンギョとほとんど同じである。ハトとラットは同じぐらい賢いように思えるのだが……。

ハトの脳とラットの脳の大きさは同じぐらい（どちらも約2グラム）だ。しかも、最近の研究によれば、鳥の大脳のニューロン密度は、哺乳類のそれよりもずっと大きいことがわかっている（Olkowicz et al., 2016）。だから、鳥類のハトのほうが哺乳類のラットよりも良い成績をおさめてもいいぐらいなのだ。

それに比べて、キンギョの脳の重さはわずか0・1グラム。ハトの20分の1だ。これでハトと同じぐらいの成績をおさめるなんて、すごいじゃないか、キンギョ。わずか0・1グラムのキンギョの脳だが、この中には一体いくつのニューロンがあるのだろうか。知りたくはないですか。

ニューロンの数を数える

人間の脳には約1000億個のニューロンがあるという（もっと多いと言う人もいる）。はてさてキンギョは……と思っているところに、S君という卒論生が研究室に入ってきた。話を聞くと、単位をいっぱい落としていて、卒論研究をしながら授業もたくさん受けないとならない、とのこと。

「それは、飼育とか、脳波の記録とか、そういった継続的に時間をかけるような研究は難しいということかな」

「まあ、そういうことです」

「では、先輩が作ったキンギョの脳の連続切片標本があるから、これをもとにしてニューロンの数を数えてみないか。それなら、授業の合間に真剣に取り組めば、なんとか結果が得られるだろう」

「はあ、そうします」（あっさりした学生だな）

ということで、S君は半年以上かけて、キンギョの脳の中のニューロンの数を数えた。

さすがに、ひとつ、ふたつ、みっつ……、と数えるわけにはいかない。それでは、大学生の卒業研究としては、ちと恥ずかしい。


連続切片標本というのは、ある構造物を薄くスライスして何枚もの「切片」にして、これをスライドガラスの上に並べた標本である（口絵1）。

単純に考えて、大きさ1センチメートルの脳を、厚さ10マイクロメートル（1マイクロメートルは1ミリメートルの1000分の1）でスライスしていくと、1000枚の連続切片になる。この連続切片に適当な染色法で色をつけると、ニューロンの形が一つひとつ浮かび上がって見える。

たとえば、1枚の切片の単位面積あたりのニューロンの数を数える。これと、切片の厚さや枚数の情報から、単位体積あたりのニューロンの数が算出できる。これに脳全体の体積をかければ、脳の総ニューロン数が得られるわけだ。

「とまあ、単純な作業なのだよ」
「いいですね」

ここでわたしは重要なことを話さずにいた。

ニューロンは脳の中に均一に分布しているのではなく、場所によって密度や配置が違ったり、大きさが違ったりするのだ（口絵1-②）。つまり、脳の中のどの部分をピックアップして、それをどのように全体に反映させればよいかというところが大きな課題なのだ。

キンギョの脳（他の動物の脳も）は、100以上もの小領域に分けられている。それぞれに名前がついていて、脳の中の配置を示す地図（脳地図という）まである。ほとんどの動物では、まだ脳地図が作られていない。しかし折よくS君の先輩であるI君が、キンギョの脳地図を作っていたのだ。

そして約半年後、

「ところでS君、キンギョの脳にはニューロンがいくつあるということになったかね」

「1000万個です」

「そんないい加減な……」

だがしかし、疑ったわたしが悪かった。S君の説明を聞き、データを詳しくみると、たしかに合計して約1000万個と算出される。

考えてみれば、ヒトの脳が1400グラムで、キンギョの脳はだいたいその1万分の1だ。人の脳のニューロン数が1000億とすると、その1万分の1は1000万だ。キンギョの脳のニューロン数が約1000万というのは、まあ妥当と言ってよいだろう。実際に数えたのだから、この数値は貴重である。

「S君、大変だったろう」

「ええ、まあ」

S君はあくまでも淡白である。S君の苦労のおかげで、わたしはいろんな所でキンギョの脳のニューロン数について話ができる。

大きければいいってもんじゃない

さて、動物の賢さ比べに話をもどす。

弁別逆転学習での結果のような個別の例外はあるかもしれないけれど、やはり全体としては脳の大きさで比べるというのが妥当なところだろうか。

ヒト、ゾウ、チンパンジー、マウス、カラス、サバ、キンギョの脳の大きさ（つまり重さ）を比較してみると、ダントツでゾウの脳が重い。5000グラムもある。ヒトで1400グラム、サバではわずか0・3グラムである（図1−2上）。

でも待てよ、ヒトよりもゾウのほうが賢いということはあるまい。この大きな差は例外では済まされないよな。ということで、体重あたりの脳の重さで比較すると、めでたくヒトがトップに立つ（図1−2中）。

あれれ、そうするとサバのほうがゾウよりも賢いってこと？　ヒトとマウスはほとんど同じレベルってこと？　それはさすがにマズいんじゃないか。

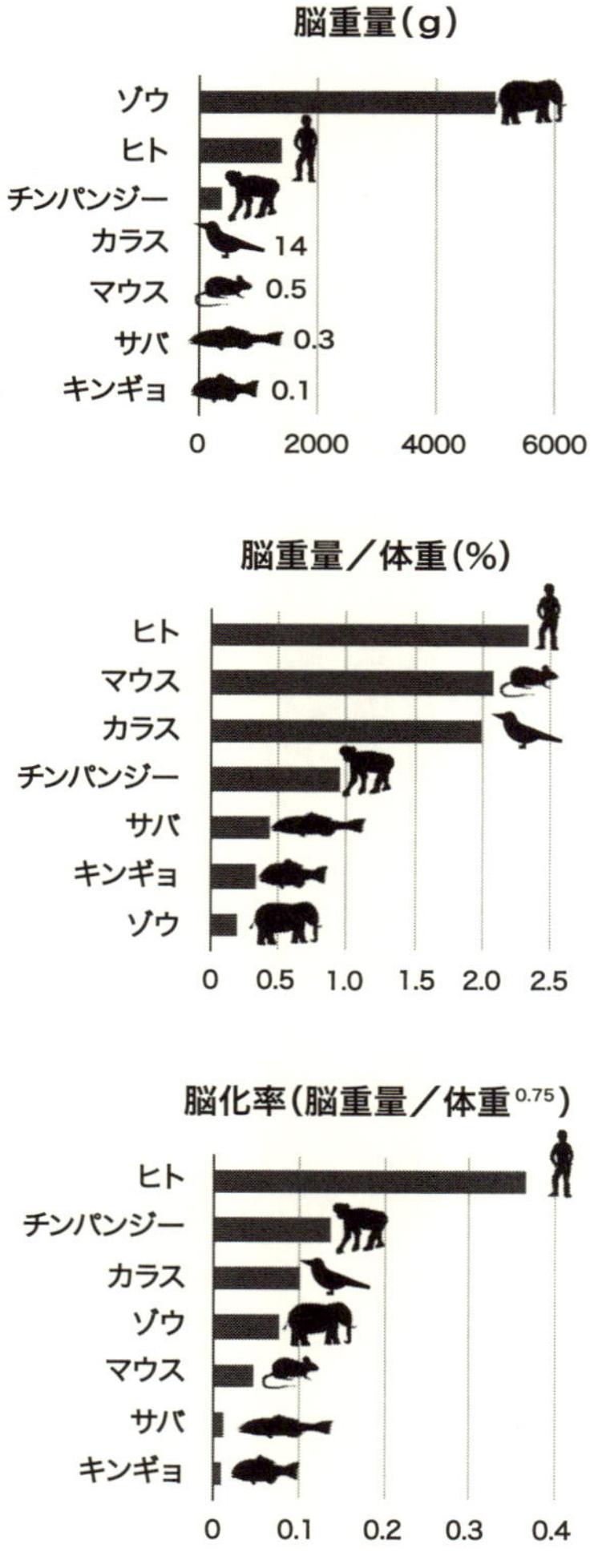

図１－２　いろいろな動物の脳の大きさ比較。脳の重量（上）、体重に対する脳の割合（中）、体重の 0.75 乗に対する脳の割合（脳化率、下）。基準によって順位が変わる (Rosenzweig et al., 2005 とオリジナルデータをもとに作成)。

いろいろな動物の脳の重さを測り、体の大きさとの関係を調べた人たちがいる（Jerison, 1979；Dicke and Roth, 2016）。すると、哺乳類や鳥類の脳の重さは、体重の約０・７乗に比例して大きくなる傾向があることが発見された。

哺乳類以外の脊椎動物（爬虫類とか魚類）では、脳の重さは体重の０・５６乗に比例して大きくなる。もし体重の１乗に比例するとすれば、体重が10倍なら脳の大きさも10倍ということである。体重の０・７乗とか０・５６乗とかに比例するということは、哺乳類でも魚類でも、体が大きい動物ほど大きな脳をもつが、脳が大きくなる程度は体の大きさの違いほどではないということである。

また、同じ大きさの哺乳類と魚類を比べると、サカナのほうが脳が小さいということになるが、大きなサカナ（たとえば体重１００キログラムのクロマグロ）は、小さな哺乳類（たとえば体重２００グラムのリス）よりも大きな脳をもつということでもある。

哺乳類、鳥類、爬虫類、魚類すべてひっくるめて計算すると、脳重量は体重の約０・７５乗に比例しているようだ。

そこで、上のような式で計算すると、図（図１－２下）のようになった。ヒト

$$脳重量（g）÷体重^{0.75}（g）=「脳化率」$$

が最も大きく、チンパンジー、カラス、ゾウ、マウスときて、一番下にサカナが来る。めでたしめでたし。

これは、わたしたち人間からみた「賢さの順位」によく一致する。ちなみに、わたしが受けもっている授業で、カラスとゾウはどちらが賢いと思うかを尋ねたところ、8割の学生がカラスと答えた。みなさんはどう思いますか。

そもそも、「賢さ」というのは単一の基準で測れるものでもない。

論理的かつ抽象的に思考し、問題解決へ導く能力としての「知能」であれば、おそらく人間が最も優れているだろう。刺激に適切に反応し、強く生きていく能力であるとすれば、チャンピオンになる動物は状況によって変わってくるはずだ。

比較すること自体意味がないと言われるかもしれない。しかし、なんでも比べたくなるのが人情というもの。この本に出てくるいろいろな例についても、人間だったら……とか、鳥だったら……とか考えてください。いろいろな角度から比較することは、サカナはもちろんのこと、動物の心の理解に近づく一つの道だから。

サカナの種類によって得意科目に違いがあるので、ひとまとめにすることはできないけれども、ある種類のサカナでみられる学習の程度は、われわれ人間も驚くほど高度である。サケが大海原を回遊して、また生まれた川にかえってくるなんていうのは、まさに驚異的な学習と記憶の例ですね。

学習にもいくつかの種類がある。主なものでは、運動の学習、空間の学習、文脈（状況と言ってもよい）の学習、また、それぞれに関連した情動や感情の学習、などである。これを「学習セット」とでも言おうか。

サカナもどうやら人間とほぼ同じ学習セットをもっているようだ。そのうちのいくつかは、この本でも紹介することになるだろう。

＊1　**知能指数**：知能検査の結果を数値で表したもの。

＊2　**心の知能指数**：自分や他人の感情を理解し、それにうまく対処する能力を数値化したもの。基準がはっきりせず、普及しなかった。

2　サカナは臆病だけど好奇心もある

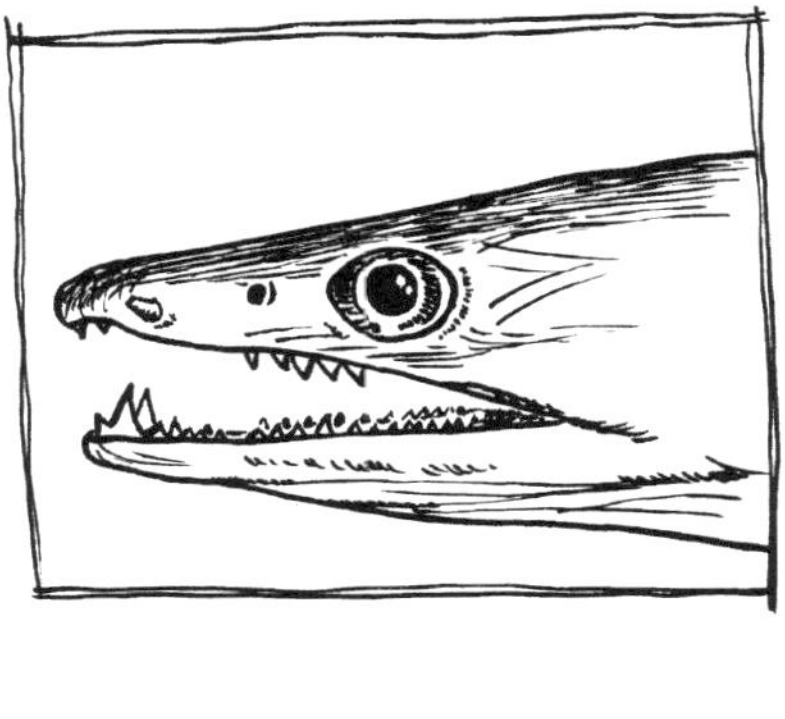

ハモ頭部

ウキは友達

サカナは概して臆病である。

よく慣れたペット魚は別として、人が近づいたらさっと逃げる。物陰に潜り込んで、しばらく出てこない。

サカナに限らず、野生動物には、危ない（かもしれない）対象からの距離に応じて、「安全圏」「警戒圏」「逃避圏」のような、警戒度の程度が異なる範囲がある。

安全圏なら、捕食者がいてものんびりエサを食べたりしている。しかし、ひとたびヤバそうなやつ（人間とか）が警戒圏に入ってくると、一斉にそちらを向いて、いつでも反応できる体勢をとる。さらに接近して逃避圏に入ると、わっと逃げたり隠れたりする。

学生時代、わたしは瀬戸内の海の近くに住んでいた。夏になると、毎週のようにシュノーケリングを楽しんでいた。瀬戸内海には、いくらでも素潜りに適した海岸があるのだが、だいたい決まった場所に行く。K島の先端あたりがお気に入りであった。この海岸には大きな流木が打ち上げられていて、これが遠目には恐竜のように見えた。わたしはここを勝手に恐竜海岸とよんでいた。その流木は今はもうない。

海岸は岩場で、いろんなサカナが泳いでいる。10センチメートルぐらいのメジナの子どもが群れをなしている。ゆっくり2メートルぐらいの距離まで近づくと、一斉にこちらを向く。とぼけた正面顔がぎっしり並んでいる。噴き出しそうになるが、海中で噴き出すとかなり危険である。こらえつつもう少し近づくと、メジナたちは一斉に岩陰に隠れる。

サカナが何かに注意を向ける時、背ビレ、腹ビレ、尻ビレを立て、胸ビレ、尾ビレを広げて水中で静止する。対象がはっきりしていれば、これに正対する（図2－1）。これを定位反応という。最大限の情報を得ようとする行動である。この時たいてい呼吸がゆっくりになる。

人間でも、注意を向ける時は似たような状態になる。緊張して、息を詰めてじっと見つめ、耳を澄ます。

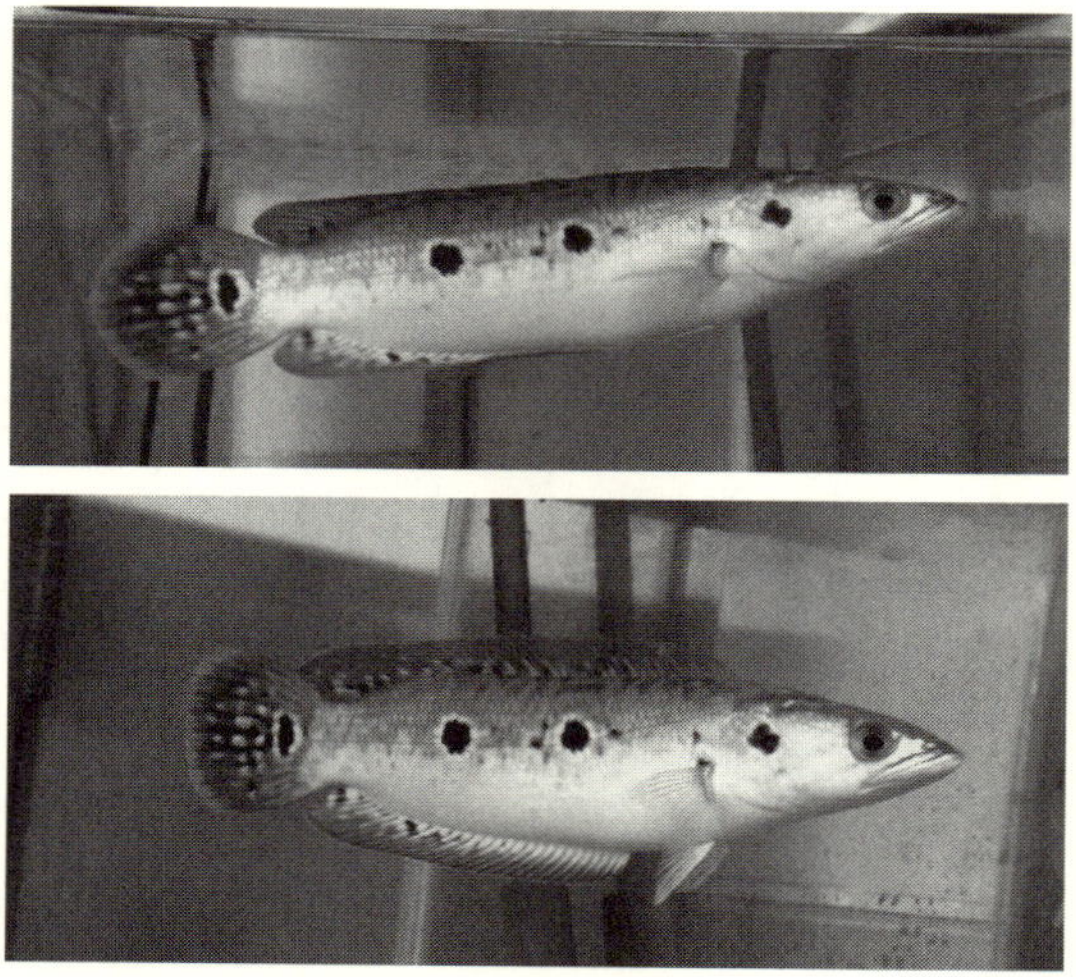

図２－１　ライギョの仲間、フラワートーマン。上：リラックスしている状態。下：背ビレ、腹ビレを立て、水槽の外の対象に注意を向けている。

自分にとって脅威ではないと判断すれば、注意を解く。もしくは、好奇心の強いサカナであれば、対象に接近してさらによく吟味する。

サカナにも好奇心はある。ダイビングや釣りなどで、サカナをよく見る機会がある人たちはそれを疑わない。でも、「サカナにだって好奇心はあるんです！」と声高に叫んだところで、「気のせいでしょ」と言われればそれまでである。

それじゃあちゃんと測ってやろうじゃないの。ということで、N君の卒論テーマになった。

「サカナの好奇心の研究」では、エライ先生方に、なんじゃそりゃ、と言われてしまいそうだ。そこで、「キンギョにおける新奇物体に対する探索行動とその経時的変化」とした。いかにも難しい学術研究みたいだ（学術研究です）。

好奇心のあらわれは探索行動である。探索が済んでしまえばその状況での好奇心は失われる。つまり「飽き」の状態ですね。N君の研究は、「キンギョの好奇心と飽きの研究」と言い換えてもよい。


どうやって調べるかというと、まず1尾のキンギョが入った大きめの水槽を用意する。この水槽の真ん中に、30分間だけ赤色のウキを浮かべる。

これまで経験したことのない物体（新奇物体と言う）に遭遇したキンギョは、ウキに対して定位反応を示す。しばらくすると定位反応に続いてウキをつつき始める（口絵2）。ウキをつつくというのは、積極的な探索行動である（中村と吉田、２０１１）。

ウキはただのプラスチックの玉だけど、初めて見るものなので、警戒しつつ探索する。よって、つつき回数は少ない（図2－2白丸）。これを毎日繰り返すと、5日目には、ウキを浮かべた途端に「おお、今日も来たか」というように盛んに定位反応とつつき行動を行うようになる。ただし、毎日同じことの繰り返しなので、ウキを浮かべてしばらくたつと注意を向けなく

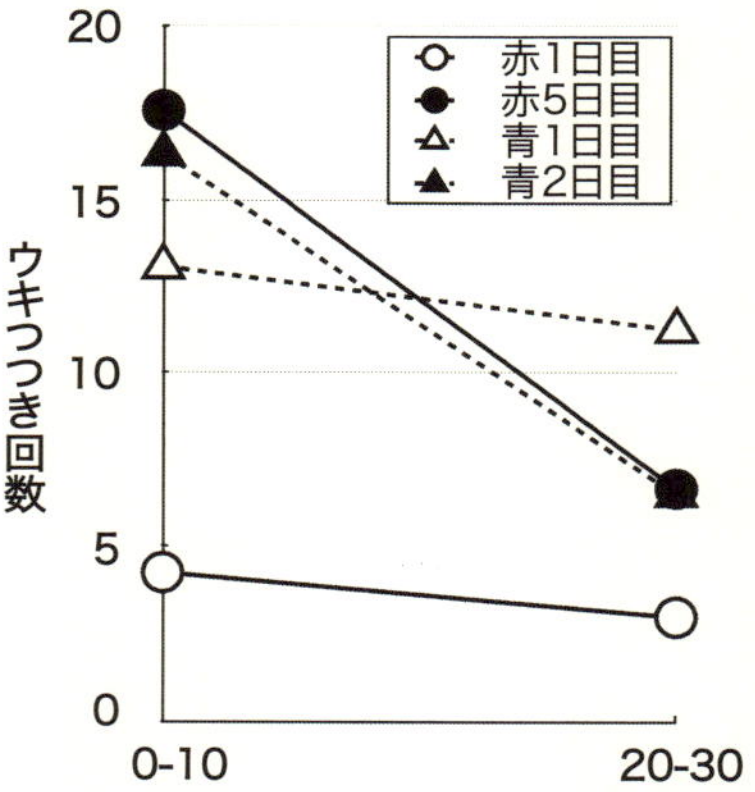

図２－２　ウキを入れて最初の 10 分間（0 － 10）と最後の 10 分間（20 － 30）のつつき回数。キンギョ 12 尾の平均。

なる（図２－２黒丸）。

これって、飽きちゃったってこと？

そこで、６日目には同じ形の青色のウキを浮かべてみた（キンギョにはちゃんと色がわかる）。すると、

「お、いつものと似ているけど、色が違うぞ。特に警戒するほどでもなさそうだが、じっくり調べてやるか」

ということで、30分間頻繁につつき続ける（図２－２白三角）。

次の日にまた青いウキを浮かべると、「お、また青が来たか」というわけですぐにつつき始める。しかし、赤ウキの時と代わり映えがしないので、すぐに飽きてしまってつつかなくなる（図２－２黒三角）。

N君は、定位反応とつつき行動に加え、ウキへの接近行動も計測した。

こういう行動観察をする場合、ビデオに撮って、あとで巻き戻したり早送りしたりしながら解析することも多い。しかしこれは一長一短で、元のデータが残るという利点がある反面、録画時間の何倍もの時間を計測に要する。しかも、「ビデオに撮っているから」という安心感から油断が生じ、肝心の実験のツメが甘くなりがちなのだ。

だから、わたしの研究室では、ビデオに撮らなければ観察できないような行動を除き、基本的にリアルタイムでの観察記録を重視している。トレーニングを積んだ観察者なら、十分に精密なデータを得ることができる。

体を張った行動観察

N君の場合、3つの計測項目を両手と片足に割り当て、押しボタン式のスイッチを押すことで対応した。スイッチを押すと、それぞれの行動が現れたタイミングが記録されるようになっている。

彼の実験の様子は、科学的な探求を行っているようにはとても見えないのだが、本人は必死である。両手と片足にスイッチを装着し、約1時間の観察時間中、キンギョから片時も目を離さずにスイッチを押し続けるのだ。

苦労の甲斐あって、N君の研究成果は学術専門誌に掲載された。

さて、この研究から何がわかったかというと、何のことはない、わたしたちが経験的に知っているサカナの行動を客観的・定量的に示したということだ。でもそれが難しい。

これをもって、サカナにも好奇心があると言ってよいだろうか。「好奇心」というと、それに基づく行動よりも、どちらかと言うと内面的な心のもちようを指す時に使われる。好奇心は「自発的な探索行動」の下敷きになっている。先ほど紹介したキンギョの行動は、わたしたち人間が「好奇心をもって」自発的に探索する行動と対応していると考えてよいだろう。だとすると、キンギョの探索行動は「サカナ的好奇心」の発露と考えるのが自然ではなかろうか。

話はそれるが、K君という学生の行動観察の仕方は、さらに斬新であった。

K君が卒業研究のためにわたしの研究室に入ってきた時、どのような研究をしようかという話になった。何が得意かと尋ねると、ピアノが得意だという。

いやそんなことじゃなくって、わたしが知りたかったのは、たとえばサカナの飼育経験が豊富だとか、統計学に詳しいとか、そういったことだったんだけど。

尋ね方が悪かった。しかしそのような答えが返ってきたからには、こちらにも考えがある。

ちょうど、ゼブラフィッシュの闘争行動（ケンカですね）がどのように進行し、どのように決着がつくのかを調べようと思っていたのだ。

一体これがピアノとどう関係するのか。

群れから離した2尾のゼブラフィッシュを対面させると、多くの場合でケンカが始まる。ケンカの仕方にはちゃんと型があって、追いかける、つつく、といった動作を互いに（ある時は一方的に）繰り返す。最終的に勝ったほうは、水槽の大部分を自由に泳ぎ回るようになる。負けたほうは、隅に追いやられる。敗者が水槽の真ん中に泳ぎ出たりすると、勝者にどやしつけられる。

ゼブラフィッシュの行動はとても素早いので、わたしの研究室にあるようなふつうの家庭用ビデオカメラでは捉えきれない。しかも2尾のゼブラフィッシュをちゃんと区別して観察しないと意味がない。ビデオの画質では、これが難しい。

つまり、闘争行動をリアルタイムで観察し、2尾のゼブラフィッシュを区別しながら、それぞれについて何種類もの行動を同時に計測する必要があるのだ。

わたしは早速K君をリサイクルショップへ走らせ、中古のキーボード（楽器のほう）を買ってきてもらった（1900円だった）。そして、特定のキーを特定の行動に割り当て、キーを押すと、行動が現れたタイミングがコンピュータに記録されるように改造した。

ゼブラフィッシュAについては左手が担当し、「シ」を追尾、「ド」を追い払い、「レ」をつつき、「ミ」を側面ディスプレイ、[*1]「ソ」を正面ディスプレイに割り当てる。ゼブラフィッシュBについては右手が担当し……、という具合にキーと行動を対応させた。

ゼブラフィッシュはみな同じようなタテ縞模様をもっているが、よく見ると1尾ずつ縞の入り具合や体形、ヒレの大きさなどが異なっている。2尾であれば肉眼で確実に区別することができる。

ちなみに、サカナにとってのタテ縞というのは、魚体の前方から後方へかけての縞なので、ヒトからは縞が横方向に走っているようにみえる。

K君は、個体ごとの特徴を見分けるコツもつかんだ。一通り練習を行い、いざ本番である。ゼブラフィッシュの闘争行動を観察しているK君を後ろから観察した。K君の左右の手は、あたかも独立制御されているが如く、正確に1尾ずつの行動を追跡して鍵盤を叩いている。ピアノのエキスパート恐るべしである。

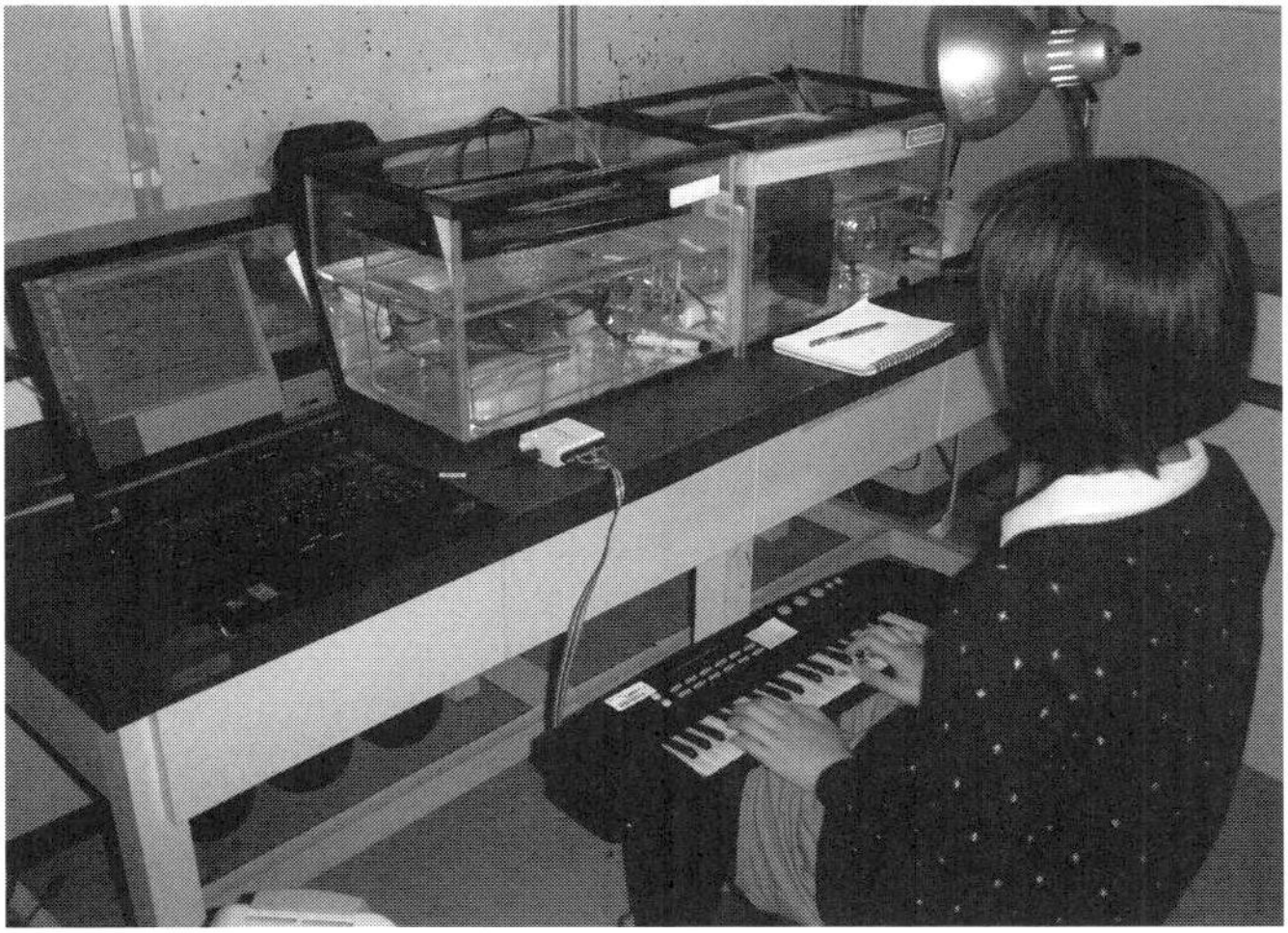

図２－３　ゼブラフィッシュの闘争行動を観察・記録中のＫ君。左手でゼブラフィッシュＡ、右手でゼブラフィッシュＢをカウント。

水槽から目を離さずに鍵盤に指を走らせ続けるＫ君の姿は、まるでサカナに音楽を聞かせているようであった（図２－３）。

話をもとに戻そう。

そもそも、探索行動とか、学習行動とかの実験は、臆病すぎるサカナでは難しい。実験用の水槽に移しただけでパニックになってしまったり、隅で動かなくなってしまったりする。こうなると、そのサカナが本来もっている性質を引き出すことができないのだ。

その点、キンギョやゼブラフィッシュは優れた実験魚である。丁寧に飼育してやれば、実験環境でも本来の能力を発揮してくれる。

気をつけて飼育すれば、多くの魚種を行動実験に使うことができるようになるが、やはりもって生まれた素質というものがある。魚種によって、大胆（外向的）か、臆病（内向的）かは、ほとんど決まっていると言ってよい。

しかし、このようなことを言っていると、やっぱり、「臆病なサカナは云々とか言って、あんたがそんなふうに思い込んでいるだけじゃないの」と疑われることに、当然なる。「だって経験的に……」と言葉を濁して逃げるわけにもいかなくなってきた。そこで、N君（前述のN君とは別の学生）の卒論研究で、「サカナの臆病度判定テスト」なるものを開発することになった。

サカナの臆病度判定テスト

実験に選んだサカナは、キンギョ、ギンブナ、ブルーギルの3種である。経験的には、ギンブナが一番臆病で、次にキンギョ、ブルーギルはかなり大胆なサカナの印象がある。

先入観にとらわれてはいけないので、あくまでも数値データとして臆病度を判定比較したい。

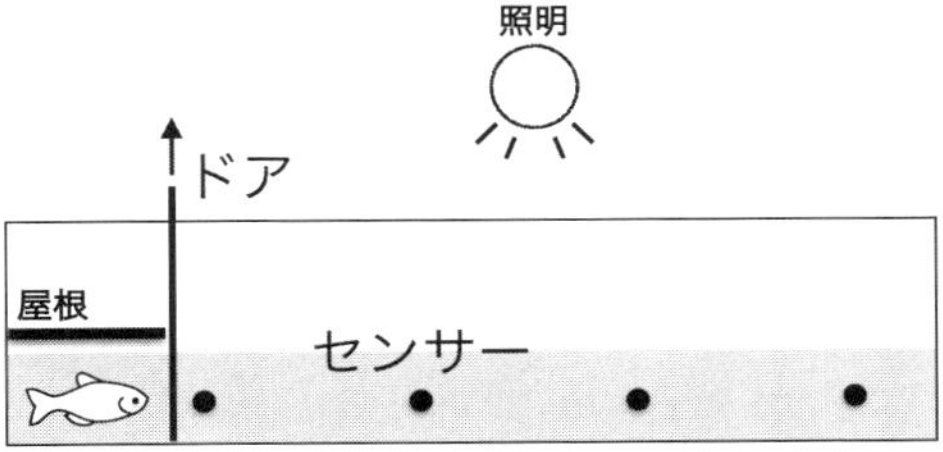

図2－4　臆病度判定テストに用いた装置。

作った装置は、一直線の遊泳路の一端を上下スライド式のドアで仕切り、その小部屋に屋根を付けて薄暗くした水槽である（図2－4）。サカナはまず一定時間この小部屋（出発室）に入れておき、しかる後にドアを開く。明るく照明された（つまりサカナにとって不安を高める）泳路に出るか、薄暗い（安心な）出発室にとどまるかは、サカナの判断に任される。

水槽のあちこちに設置されたセンサーにより、いつ泳路に顔を出すか、いつ泳ぎ出るか、泳路でどれぐらい泳いだか、どれぐらい頻繁に出発室に帰ってきたか、などなどを計測する。多数の計測結果をひっくるめて、主成分分析[*2]という統計手法により、「大胆度／臆病度」のスコアを算出する。

装置は当然手作りである。厚いプラスチック板を切ったり、センサーを取り付けたり、結構高度な作業になる。いくつもの試作を経なければ完成しない。

ある時、装置を作るための材料一式が、階段の踊り場に投げ出してあった。N君は研究室の中で他の学生とおしゃべりしている。「ははーん、ギブアップしたな」と思い、純粋な親切心から、接着だったか切断だったかの一部をわたしがやっておいた。

ところがしばらくあとで、

「先生、わたしの装置を勝手にいじったでしょ！　工作にはちゃんと順序っていうものがあるんだから、余計なことをしないでください」（ええっ）

とひどく怒られた。それ以来、学生の工作物にはむやみに手を出さないように努力している。たとえ、「ああ、このままだと違うものができるな」とわかっていてもだ。

さて、めでたく完成した装置で3魚種の行動比較を行った。予想通り、ギンブナが一番臆病、ブルーギルが大胆という結果になった。経験的な違いが裏付けられたわけである(Yoshida et al., 2005)。

思いのほかキンギョが臆病であったが、キンギョはもともと中国のフナを品種改良して作られたサカナであり、ギンブナとは近縁[*4]（属まで同じ）であることを考えると、納得がいく。

ブルーギルは北米から移入された外来魚で、現在ではオオクチバスと同じく特定外来生物に

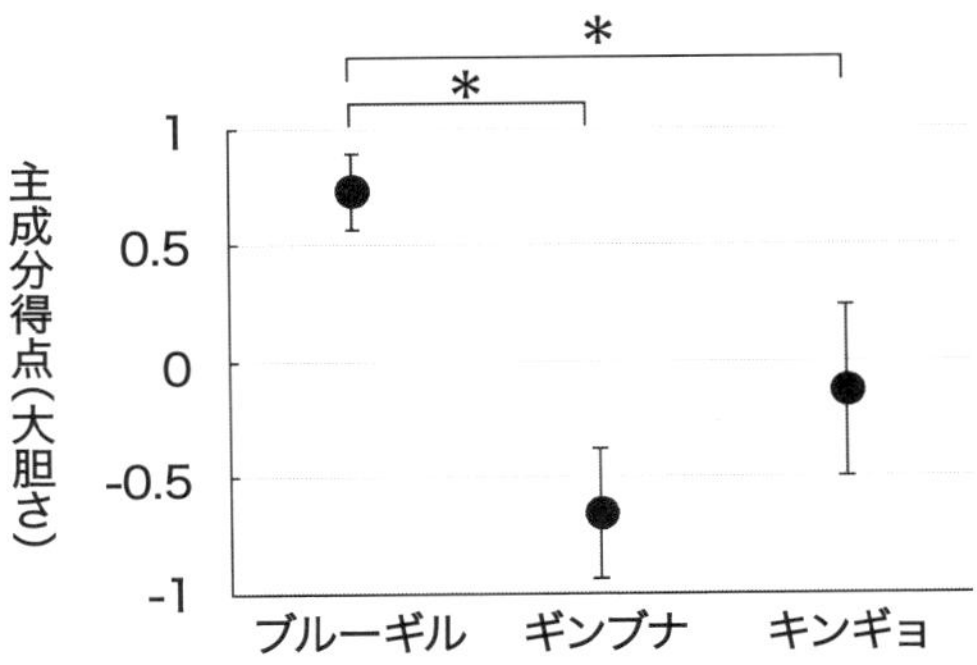

図２－５　臆病度判定テストの結果。ブルーギル 19 尾、ギンブナ 18 尾、キンギョ 13 尾の平均。縦線は標準誤差。＊は統計的に有意な差*3 があることを示す。

指定されている。この実験当時は外来生物法*5ができる前で、研究室で飼育しながら実験できたが、現在では生きたままでの移動は禁じられている。〆ても ち帰って食べるのはＯＫ。

ブルーギルは、適応力・繁殖力ともに強く、現在では日本で最もふつうに見られるサカナのひとつになっている。なんにでも食いつき、極めて外向的である。

経験的に知られていることは、かなりの部分正しい。でも、ブルーギルやギンブナを見たことのない人に、これらのサカナの臆病さの違いを説明するのは難しい。

「ブルーギルはもともとアメリカ産だし、それと比べてギンブナは昔から日本に棲んでいるサカナだから……」

「ははーん、それもそうですね」

で済むならよい。しかし、いみじくも専門家を自任するなら、その程度では許されない。これこれこういうテストをすると、データとして客観的に比較できますよ、と言えれば、少しは胸を張って道を歩ける。

＊1　**ディスプレイ**：ヒレを広げて自分を誇示する行動。

＊2　**主成分分析**：複数種類のデータを一つにまとめて、比較できるようにするための統計的手法。平均所得や平均寿命など、いろいろなデータから、総合的に「国の豊かさ」を評価するような時に使う。

＊3　**統計的に有意な差**：計測の仕方や何に注目するかなどに基づいて適切な統計解析を行った結果、差があると言ってよいと判断されること。

＊4　**近縁**：生物の分類体系は、くくりの大きな順に「界、門、綱、目、科、属、種」というように分けられている。たとえばキンギョは、動物界、脊索動物門、硬骨魚綱、コイ目、コイ科、フナ属、キンギョである。キンギョとコイは科まで共通だが属が異なる。

＊5　**外来生物法**：特定外来生物による生態系等に係る被害の防止に関する法律。生態系、人の生命・身体、農林水産業へ被害を及ぼす、または及ぼすおそれがある外来生物から選ばれた特定の種を特定外来生物として指定。特定外来生物は、研究目的で適正に管理する場合には移動を許可される。

3　ゼブラフィッシュは寂しがり

ほろ酔いゼブラフィッシュ

サカナも不安を感じるわけです。

なーんか嫌な感じ、なーんか悪いことが起きそう……というのが不安なわけで、恐怖とは違う。

恐怖というのは、自分の生存を脅かす対象を認知して、「あいつが怖い」という状態。不安というのは、対象は目の前にいないけれども、自分に害が及ぶ可能性を認知している状態。

恐怖は、その対象がいなくなれば速やかに消えるのに対して、不安は「可能性」がある限り長く続く。もちろん、不安と恐怖を行ったり来たりとか、不安と恐怖が入り交じったり、という状況もある。

恐怖については、別の章で詳しく紹介する。

図3－1　ゼブラフィッシュ。

サカナがどんな時に不安を感じるかというと、わたしたちと同じ。新しい環境に放り込まれるとか、群れからはぐれるとか。

ゼブラフィッシュという、インド原産のコイ科の小魚がいる（図3－1）。最近いろいろな研究に盛んに使われていて、いわゆるモデル動物[*1]となっている。このサカナは、普段群れで生活していて、ひとりぼっちで新しい水槽に入れられると、強い不安状態になる。

不安状態では、水槽の底のほうにとどまって、あまり活動しない。背景が暗い色のところを選んで滞在する（「選好する」という）。障害物があれば、そのそばにいる。これらの行動は、いずれも捕食される可能性を低くする効果が期待できる。

初めて経験する「新奇な」場所では、どこから敵が飛びかかってくるかわからないわけだ。

ゼブラフィッシュの背中側は色が濃い（逆に腹側は白い）ので、暗い色の背景の中では目立たない（背景とのコントラストが小さい）。暗い背景のほうに好んで滞在するのは、発見される可能性を低くするための隠蔽行動のひとつだ。

不安が高まるような状況で暗い背景の選好性を示す行動は、いくつもの魚種で知られている。

新しい水槽に入れられた時のゼブラフィッシュの不安は、たぶんわたしたちが知らない場所に立った時に感じる不安と基本的に同じだろう。なぜかというと、人間に効く抗不安薬は、先に書いたようなゼブラフィッシュの「不安行動」を抑える効果があるからである。

これはちょっとひねった考え方で、

①ゼブラフィッシュを、ヒトが不安を感じるのと同じような状況に置くと、ヒトが不安を感じた時と似たような行動をする

②この行動は、ヒトの不安を抑える薬を与えると、抑えられる

③よって、ゼブラフィッシュはやはりわたしたちと基本的に同じような不安を感じているのだろう

というわけである。

Cachatら（2010）の研究によれば、ヒトの不安を抑える作用をもつフルオキセチンという抗うつ薬は、ゼブラフィッシュの不安を抑える効果をもっているようだ。

ゼブラフィッシュを新しい水槽に入れると、はじめは底のほうにいる（不安が強い）。しばらくすると徐々に水面近くも泳ぎ回るようになる（不安が小さくなる）。ゼブラフィッシュにあらかじめこの薬を作用させておくと、より早く、より多く水面近くを泳ぐようになる。つまり、不安が軽減されたというわけだ。

カフェインはこれと反対の効果を示した。カフェインは覚醒作用をもち、どちらかと言うと不安を高める効果がある。こういった薬物は、ヒトの場合、ふつう錠剤や水溶液（コーヒーとか）を飲むことで摂取する。サカナの場合、そういうわけにはいかない。エサに混ぜたって、決まった量を摂取させるのは難しいし、そもそも食べてくれないかもしれない。

ではどうするかというと、サカナが入っている水に薬を溶かしてしまうのだ。そうすると、エラから吸収されて、血液に乗って全身に行き渡る。淡水魚は、水をほとんど飲まないので、消化管での吸収は期待できない。

サカナのエラというのは、とても薄い細胞の層で血管を包んだようなつくりで、水と血液とを隔てる組織の厚さはわずか100分の1ミリほどである。水に溶けこんだ薬物は、このわずかな距離を浸透して血中に取り込まれるのだ。

ヒトの肺でも状況は似たようなもので、空気と一緒に吸い込まれた薬物は、速やかに血中に取り込まれる。タバコに含まれるニコチンが良い例だ。肺でも、血液と空気との間の距離はとても小さい。ただし肺の場合、空気中の物質はいったん肺の表面の薄い水の層に溶けてから浸透する。

カフェインと並んで、精神状態に影響を及ぼす薬物で、日常的かつ合法的に摂取できるのが、アルコール（エタノール）である。人類が定住農耕を始めたのは、よりたくさんのビールを造るためだった。そんな説があるくらい長い歴史をもつのがアルコール飲料である。

適度な濃度のアルコールには、不安を鎮める効果のほか、気が大きくなる（つまり恥ずかしい失敗をする）などの効果がある。

ちなみにサカナが酔っ払うとどうなるかというと、これがまた人間の場合と似ているのだ。

白黒に塗り分けた水槽にゼブラフィッシュを入れ、5分間ほど行動を観察する（図3－

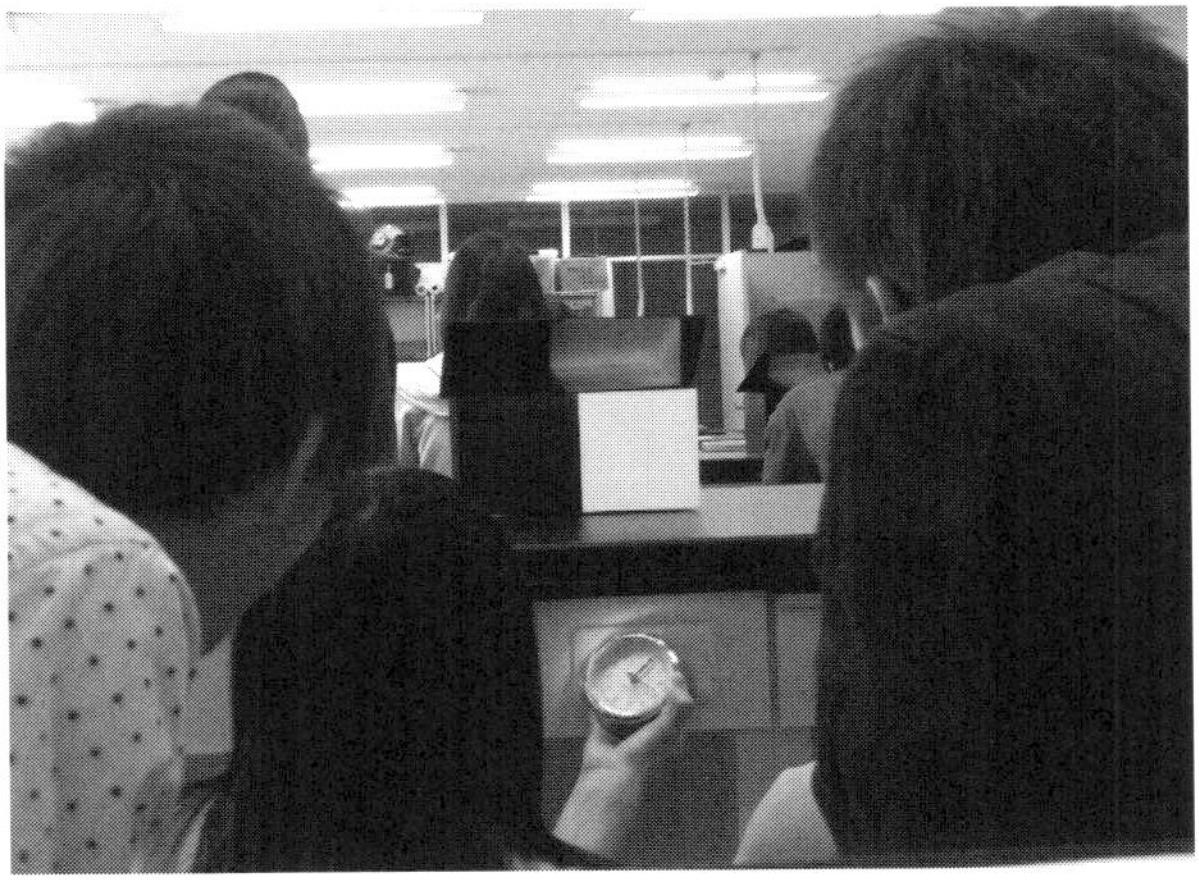

図3－2　白黒水槽を使った不安の観察。水槽の上に鏡がついていて、横から水槽の中を見ることができる。真ん中の学生はゼブラフィッシュが白区画にいる時間を計っている。右側の学生は、白／黒間を行き来する回数を数えている。左側の学生は、ただ見ている。

2)。前にも書いたように、暗い背景のほうが安心できるので、黒背景にいる時間が長く、あまり白黒の間を行き来しない（図3－3）。

ところが、0・5%のアルコールを含む水に1時間ほど入れておいてからこの白黒水槽に移すと、反応が違う。白い背景にいる時間が伸びて、白黒の間の往来も頻繁になる（図3－3）。

アルコールの作用によって、不安が小さくなり、大胆に振る舞うようになったと解釈できる。

ゼブラフィッシュの血中アルコール濃度は測っていないが、周りの水の10分の1程度の濃度、つまり0・05%にはなってい

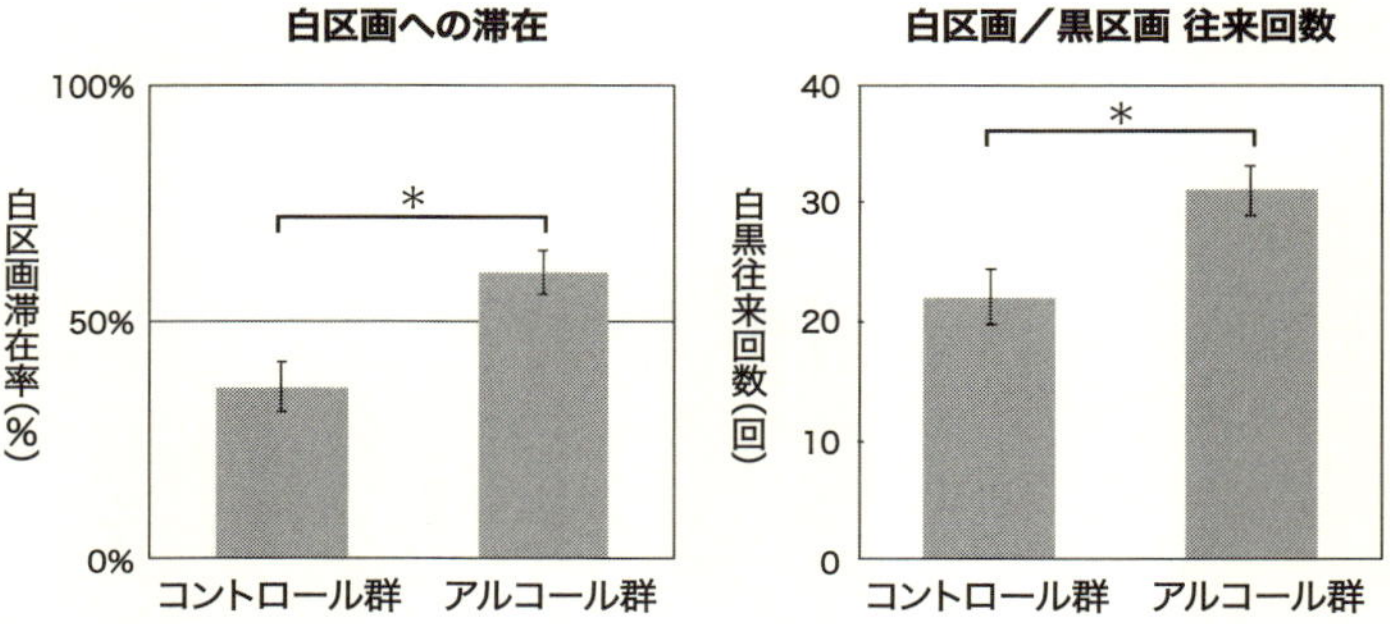

図3－3　左：白背景の区画にいる割合。値が小さいほど不安が強い。右：白／黒間を行き来する回数。回数が少ないほど不安が強い。縦線は標準誤差。＊印は、統計的に有意な差があることを示す。

るだろう。ヒトだったら、いわゆるほろ酔いになるぐらいのレベルである。ほろ酔いを超えると酩酊で、足元や言葉があやしくなる。

この実験は、学部2年生の学生実習のテーマとして何度か行っており、おおむね一貫したデータが得られている。また、方法は異なるが、他の研究者による報告（Gerlai et al., 2000）ともほぼ一致している。

少し話はそれるが、学生実習（学生実験）には、学部の1年生の時に受ける一般的・基礎的な実習と、2・3年生になってから、自分の専門分野に応じて受ける実習がある。

専門分野の実習は、教科書に載っていないような内容も含む場合がある。だから、必ずしも予測通りの結果が得られるとは限らない。学生には、このワクワク感も体験してもらいたいと思っている。

ひとりにしないで

　ところで、先に書いたように、ゼブラフィッシュは群れで生活している。ひとりになると不安になる。群れに合流したい動機はとても強い。だから、1尾で水槽に入れられた場合、捕食者からの攻撃を逃れようとする動機（暗い背景や水底を選好する）と、群れを求めて泳ぎ回ろうとする動機とがせめぎあうことになる。

　明らかに仲間が近くにいない状況では、身を潜める行動が優位になる。ところが、ひとたび群れを発見すると、群れへの合流が最優先となる。

　学生実験では、このような状況を再現した実験も行う。

　水槽を3つ並べ、真ん中の水槽にゼブラフィッシュを1尾入れる。左側の水槽には数尾のゼブラフィッシュ、右側の水槽には、数尾のメダカが入っている。真ん中の水槽と左右の水槽との間には仕切りが入れられるようになっていて、隣の水槽内を見えなくすることができる（図3－4）。

　図3－5に、ゼブラフィッシュが仲間を求める行動の実験結果を示す。両方の仕切りが閉じている時（両側が「無」）は、当然ながらゼブラフィッシュは水槽の右半分と左半分に同じ時間滞在する。

図３－４　ゼブラフィッシュの群れへの合流欲求を測る実験。
左の水槽には数尾のゼブラフィッシュ、真中には１尾のゼブラフィッシュ、右には数尾のメダカがいる。

ところがひとたび左側（つまりゼブラフィッシュの群れ側）の仕切りを開けると、真ん中の水槽でひとりぼっちのゼブラフィッシュは、ほとんどの時間を群れに近いほうで過ごすようになる。群れに合流したいのだ。

次に、ゼブラ側の仕切りを閉じて、メダカ側の仕切りを開ける。すると、メダカ側に好んで滞在する。統計的にも有意である。そこで、メダカ側の仕切りを開けたままゼブラ側の仕切りも開ける。すると、やはりひとりゼブラはゼブラフィッシュ水槽側に長く滞在する。

つまり、ひとりになったゼブラフィッシュは、周りにメダカしかいなければ仕方な

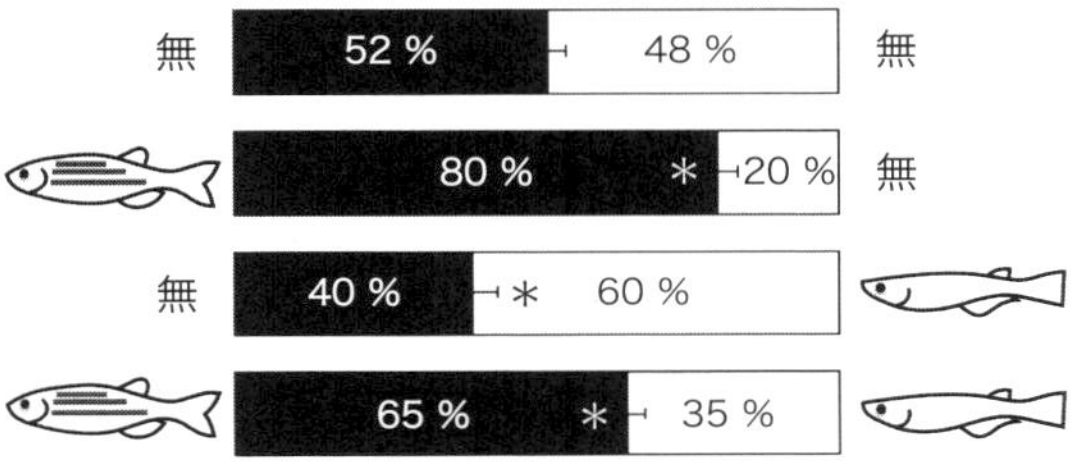

図3－5　ゼブラフィッシュは水槽のどちら側を好むか。35 個体から得られた結果の平均を示す。＊印は統計的に有意な差があることを示す。

くその群れに加わるが、ゼブラフィッシュの群れがいればそちらを好む。自分の仲間をちゃんと見分けているというわけ。

Engeszerら（2004）が、ゼブラフィッシュの色彩変異を利用した同種認識についての研究を行っている。白いゼブラフィッシュ（そういう品種）の中で育ったふつうの（シマシマの）ゼブラフィッシュは、白いゼブラフィッシュとともにいることをより好むという。

異種間でも似たようなことが起きるのだろうか。ひょっとして、ゼブラフィッシュを、生まれた時からメダカと一緒に飼育すれば、ゼブラフィッシュよりもメダカの群れを好むようになるのではないか。

「よし、A君、これを君の卒論テーマにしよう。サカナの飼育に興味があるって言ってたし」

「面白そうですね、ぜひやらせてください」

まずは、ゼブラフィッシュとメダカに卵を産ませる必要がある。どちらも比較的簡単なのだが、厄介なのは孵化に要する日数である。

ゼブラフィッシュは産卵／受精後、2日で孵化する。一方、メダカは孵化までに約10日を要する。発育の程度を合わせるには、適当な時間差をつけて採卵しなければならない。

「まずはメダカの卵を採って、発生の様子を観察しつつ、どのタイミングでゼブラフィッシュの卵を採るべきかを検討しようではないか」

「わかりました、早速始めます」

2、3日後に実験室を見てみると、シャーレの中に、メダカの卵が20個ほど入っていた。ほほう、ちゃんとやっているではないか。

「ん？」

シャーレの中の水がやけに少ない。室温は27度である。シャーレの水は浅く、蒸発は早い。蓋をするなり、水を足すなりしなければ、遠からず干あがるだろう。

次の日に見てみると、案の定だいぶ水が減っている。

「A君、メダカの卵の状況はどうかね」

「はい、バッチリ仕込んであります」

「そうか……」

あまりうるさく指示をしても、学生の自主性が育たない。A君も、さすがに明日には気がつくだろう。

うむ、ここはガマンだ。


2日間ほど研究室を留守にした。戻ってから早速シャーレを確認してみると、卵は完全に露出して、半分乾燥している。仕込みはうまくできたが、メンテにまで気が回らなかったとみえる。

「A君、メダカの卵なんだけど」

「はい、そろそろ発生の途中経過の確認ですね。あと4、5日で孵化する予定ですので」

「いや、1ヶ月待ってもダメかも……」

研究の指導というのは、つくづく難しい。

その他いろいろな事情で、結局このテーマは「とりあえず保留」となってしまった。A君は、就職活動を終えてから新たな卒論テーマに取り組み、大いに成果を上げた。
向き不向きというのは、誰にでもあるさ。

シマシマLOVE

さて、ゼブラフィッシュは、一体どこで仲間を見分けているのだろうか。いろいろな模様の模型を作って棒の先につけ、ゼブラフィッシュに見せてみた（図3－6）。

何種類かの模型を、ひとつずつ、ゼブラフィッシュが入っている水槽の片隅に入れて、フラフラと動かす。サカナ模型に接近している時間が長ければ、仲間だと判断していると考えられる。この実験も、2年生向けの学生実習の中で行った。

ゼブラフィッシュ型の模型には、すごくよく寄ってくる。わたしはここぞとばかりに、本物そっくりの模型を作るためにどれほど苦心したかを学生に力説した。しかし学生はゼブラフィッシュのように素直ではないので、誰も感心しなかった。この模型を作るのに5時間もかかったのに。

そして図3－7がこの実験の結果である。同じぐらいの大きさの、黒い楕円形にはほとんど反応しない。むしろ遠ざかる傾向がある。

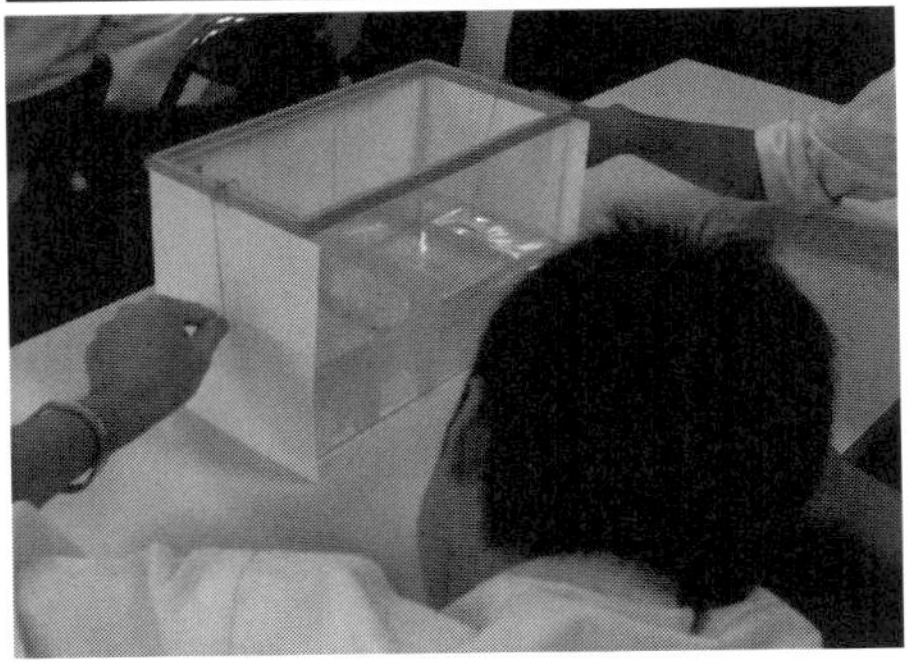

図3－6　筆者、渾身の作である、ゼブラフィッシュの模型（上）と、実験の様子（下）。

シンプルにタテ縞を3本入れただけの模型を見せると、リアルな模型と同じぐらい寄ってくる。何時間もかけて細部まで再現した模型を作った意味はなんだったのか……。

シマシマならいいんだろ、ということで、ヨコ縞の模型を見せると、タテ縞ほどではないが、やはりこれにも寄ってくる。タテ縞とヨコ縞を同時に見せて直接比べると、あまり違いはない。

学生実習の一環なので、これ以上精密な検討はできないのだが、少なくともいくつかのことはわかる。ゼブラフィッシュにとって、適当な大きさ・色で、シマシマの物体は、接近すべき対象と判断さ

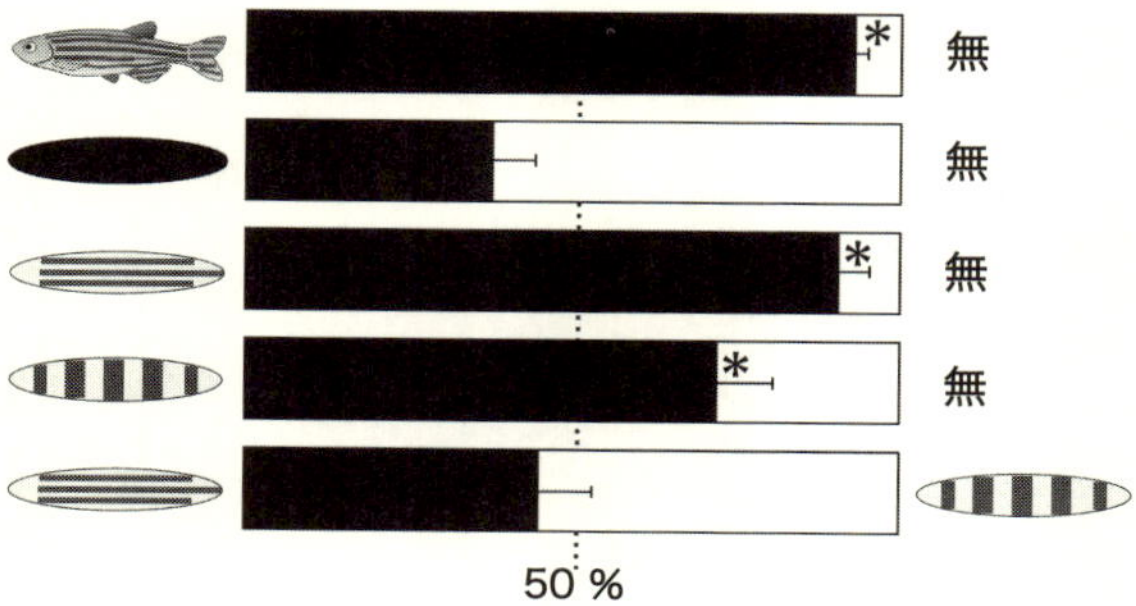

図3－7　ゼブラフィッシュの模型に対する接近行動。リアルな模型、タテ縞模型、ヨコ縞模型、のいずれにも接近する。タテ縞とヨコ縞には明確な違いがない。＊印は統計的に有意な差があることを示す。12尾のゼブラフィッシュから得られた結果。

れるようだ。

SaverinoとGerlai（2008）は、もっと念入りにこの問題に取り組んでいる。コンピュータ・グラフィックスでいろいろな姿かたちのサカナを作り、ゼブラフィッシュに見せたのだ。その結果、ゼブラフィッシュは黄色っぽいモデルを好み、ひょろ長い形を避けることがわかった。この研究でも、縞の方向はあまり関係ないと結論しており、学生たちが得た結果と一致する。

ところで、ある種のサカナは顔で仲間を見分けているようだ。

サカナにも社会生活があることは、今では常識となっている。小さな群れで高度な社会生活を営むには、群れのメンバーをちゃんと区別しなければばならない。

Kohdaら（2015）は、アフリカのタンガニイカ湖に棲んでいるプルチャーというサカナが、どのようにして群れのメンバーを識別しているかを調べた。このサカナは、家族で構成される十数尾で群れを作っている。

なんとこのプルチャーは、顔（エラから前を便宜的に「顔」とする）の模様のわずかな違いをもとに、一瞬で個体識別ができるのだ。人間から見ると、このサカナの顔の模様の違いというのはかなり微妙である。幸田（２０１５）によれば、安定した社会関係をもっているほかのサカナも、顔の特徴をもとにお互いを識別している可能性がある。

さて、サカナの不安に話を戻そう。

サカナを不透明な材質でできた「新奇な」水槽に入れると、たいてい壁に沿って泳ぐ。これを接触走性とよぶ。不安の表れのひとつである。必ずしも壁にくっつきながら泳ぐわけではないので、厳密には「接触」とはいえないが、とにかくこうよぶ。

これって、人間そっくりですね。パーティーとか、慣れない状況で広い部屋に入った時、何となくみんな壁際に立っている。部屋の反対側に移動する時も、何もない空間を突っ切るよりも、なんとなーく壁に沿って歩いていく。不安だし、目立ちたくないわけだ。時間がたって慣れてくると、みなさん適当に分散する。

人間の場合の「目立ちたくない」は、サカナの場合のそれとはだいぶ違う。パーティーでの人間の場合は、目立つと恥ずかしいだけだ。サカナの場合は、目立つと捕食者に見つかって食われる。

Izard（1977）は、人間がもっている基本情動[*2]を10種類あげているが、そのひとつに「恥ずかしい」を含めている。「恥ずかしい」は人間の進化の過程で、社会性を保つ必要性から生じたものであるらしい。

もちろん、人間の場合だって、広い場所に置き去りにされたら、強い不安を感じる。なんだかわからないけれども、身の危険を感じるのだ。これは、遠い祖先から受け継いだ感覚、湧き上がる情動である。

不安とか恐怖とかいう情動は、自分の生命を守るために、無くてはならない生物学的な機能である。進化の過程で途切れることなく受け継いできた。

わたしたち哺乳類や魚類を含む脊椎動物の脳は、共通したデザインをもっている。だから、不安や恐怖が生まれるしくみも基本的には共通である。人間には人間なりの不安があるわけだが、同じルーツをもっているサカナの不安も、全く理解できないわけではないのである。

＊1　**モデル動物**：他の動物、特にヒトの生命現象理解のために、多くの研究者によっていろいろな手法を用いて研究されている動物。入手や繁殖が容易で、遺伝子解析にも適している、などの要件を満たしている必要がある。

＊2　**基本情動**：生まれながらに備わっていて、それ以上細かく分けることのできない情動のこと。多くの動物に共通する基本情動として、恐怖、不安、怒り、驚き、嫌悪、喜びがあるが、異論もある。

4　サカナの逃げ足

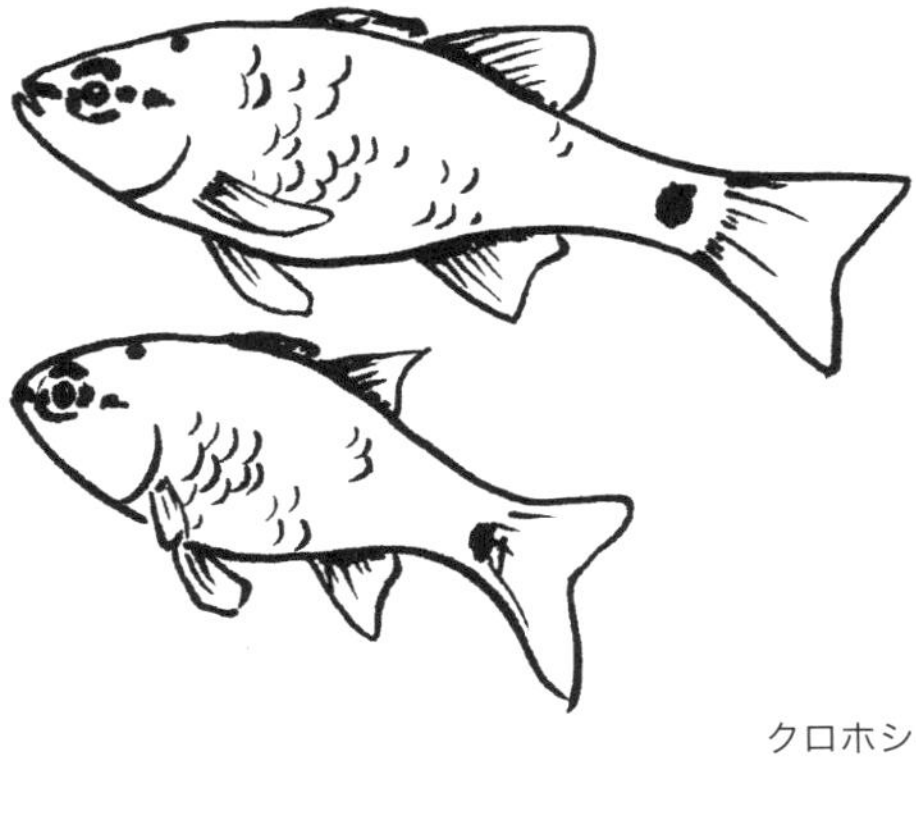

クロホシイシモチ

サカナvsヒト

サカナはとにかく逃げ足が速い。網で追いかけたって、なかなか捕まえられるものではない(図4-1)。逃げるための特別なしくみをもっているのだ。

突然の刺激によってサカナが逃げるのは、恐怖によるものではなく、単純な反射である。この反射に続いて、物陰に隠れたりする行動が起きるが、その時には恐怖の情動が発生しているであろう。

もちろん、網で追い回されれば、強い恐怖状態が続くことになる。

サカナの脳の中には、マウスナー細胞という特別に大きなニューロンがあって、軸索を脊髄の一番後ろまで伸ばしている。軸索とは、ニューロンが情報を伝えるために伸ばしている長い突起のことである。マウスナー細胞は、この軸索を経て、体幹部の筋肉を収縮させる脊髄の運動ニューロンと、直接連絡している(図4-2)。

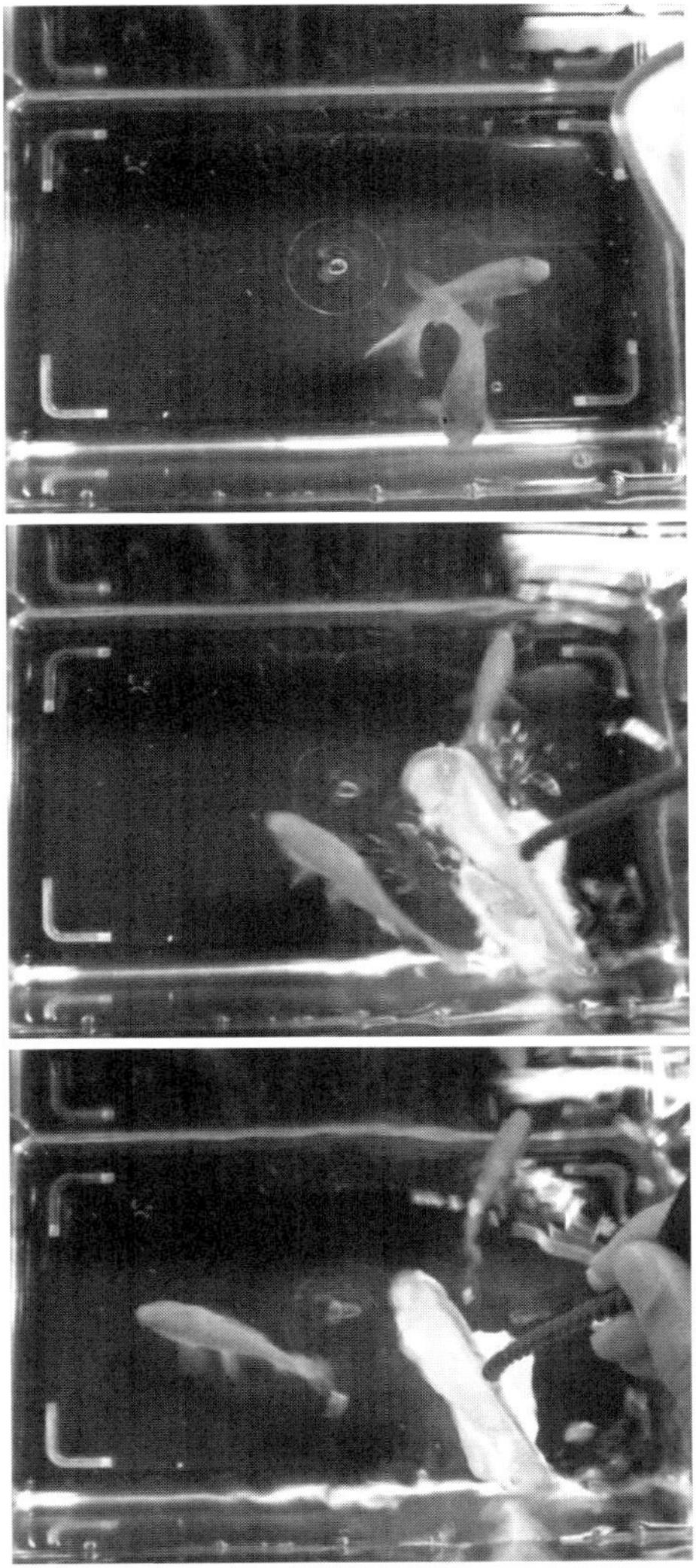

0 秒：水面近くで構えていた網を動かし始める瞬間。キンギョはまだのんびり泳いでいる。

0.03 秒：すばやく動かした網が水を割る。キンギョは既に網から逃れる方向に泳ぎ出している。

0.06 秒：もうキンギョは捕まらない。

図４－１　網でキンギョをすくう試み。網を動かし始めた時点からのビデオの連続３コマ。

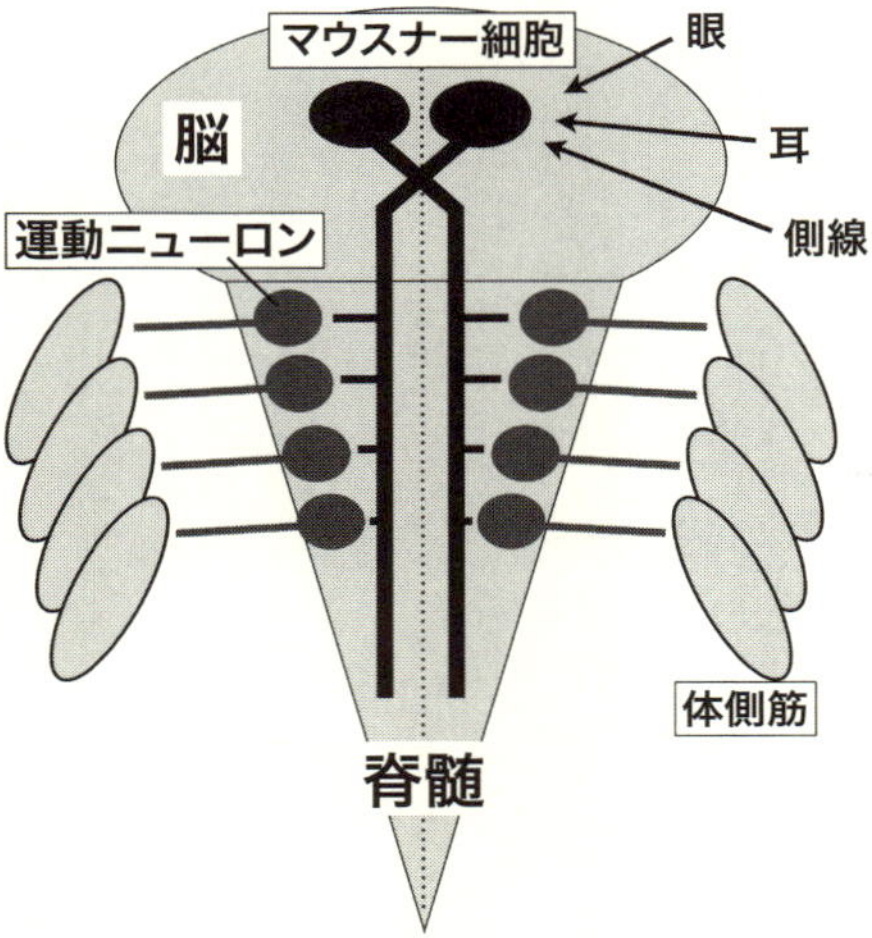

図4－2　サカナの素早い逃避に役立っている「マウスナー反射」の神経経路。側線は、水の振動を受け取る感覚器。

大きなものが迫ってくるとか、急に大きな音や振動がすると、このニューロンが興奮する。すると、刺激がきた方向とは逆側の筋肉全体が一気に収縮するのだ。この最初の反応（マウスナー反射）がすごく速い。これに続いて左右の筋肉（体側筋）が交互に収縮して、刺激から遠ざかる方向に逃げていく。

「つまり人間の手で動かす網などは、サカナにとってはスローモーションのようなものなのである」

「先生、それは大げさってもんですよ」

「むむ、では測ってみよう」

というわけで、後に引けなくなった。

そこで、実習のメニューとして、学生たちに体験してもらうことにした。

まずはサカナの反応がどれほど速いかを実感してもらう。ゼブラフィッシュの逃避反射をハイスピード・ビデオカメラで撮影し、反応時間を測定する。

かつては、ハイスピード・ビデオカメラというと、そこそこの性能の機種だと100万円ぐらいしたものだ。今では、ハイスピード撮影の機能がついたコンパクトデジカメが5万円もしない。これで毎秒420コマの撮影ができるのだ。日本のカメラメーカーさん、ありがとう。

小さな水槽の中にゼブラフィッシュを1尾入れる。これをプラスチックの台の上に置く。台の下から軽く叩いて、水に振動を与えると、サカナの逃避反射が引き起こされる。正確に時間を測るため、叩いた瞬間にビデオにマークが入るように細工がしてある。

数尾のゼブラフィッシュでこの測定を行ったところ、0・02秒以内に反応を開始し、体を大きく屈曲させて方向転換を行った。この屈曲姿勢がアルファベットのCの字に似ているので、この反応をC－スタートともよぶ（図4－3上）。

そして0・1秒後には、もうその場から泳ぎ去っている。

ただし、この反射は「慣れ」が生じやすく、短時間の間に何度も刺激を繰り返すと反応がなくなってしまう。

さて次は人間である。この実習には、わたしが所属する学部の「水産生物科学コース」の学生が参加している。サカナを捕ることに、小さからぬ自信をもっている者もいるはずだ。

水槽の中、水面から10センチメートルぐらいの深さに、重りを結びつけた玉ウキがふわふわと浮かんでいる。これをできるだけ素早くタモ網ですくう。ハイスピード撮影をして、網が水面についてからウキに達するまでの時間を計るのだ（図4－3下）。

20人の平均は約0・25秒であった。勝負にならないではないか。サカナがいた場所に網が到達する頃には、ゼブラフィッシュはもう泳ぎ去っている。こんな捕り方をするなら、ずっと大きな網を使わなければ、小魚一匹捕れないだろう。網は速く動かせばよいとは限らないことは、知っている人にとっては常識である。

「どうだ、思い知ったか」

「めっちゃ速いですね」

「よろしい」

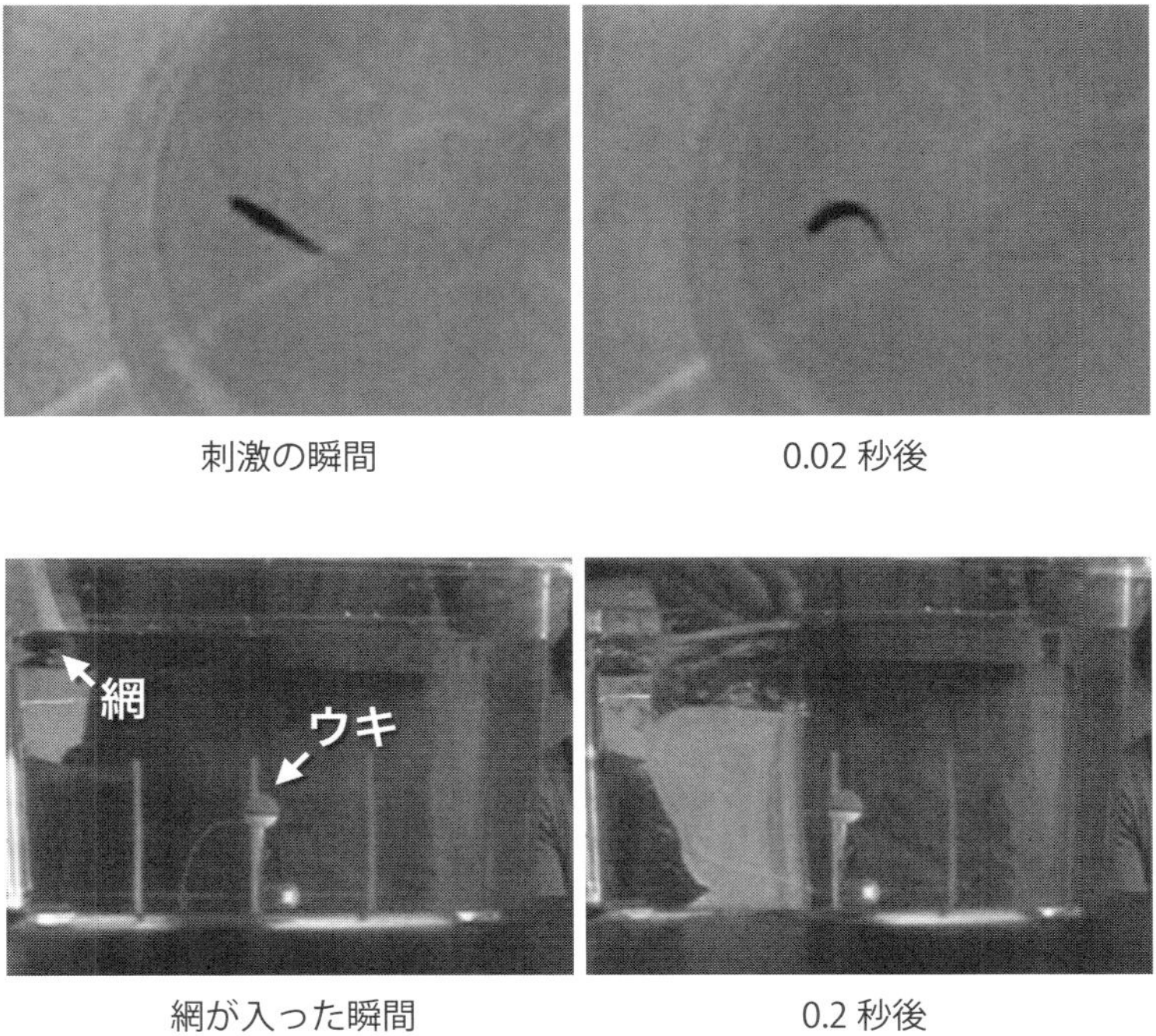

図４－３　ゼブラフィッシュの逃避反射（上）と、ヒトのウキすくい（下）。
上：刺激を与えた0.02 秒後に、体を屈曲させて方向転換する（Cスタート）。
下：網が水面についてからウキに達するまで、0.2 秒もかかっている。

メダカvsコサギ

岸近くをウロウロするサカナの大敵に、アオサギという鳥がいる。立ち上がって首を伸ばすと、高さが1メートルほどにもなる大きな鳥だ。サカナ以外もいろいろ食べる。

こいつが、実に巧みにサカナを捕らえるわけだが、失敗も多い。つまり、サカナの逃げ足と、アオサギの捕食スピードはいい勝負ということである。

いくつかのビデオから、アオサギの捕食スピードを計ってみた。「構え」の姿勢から動き始めて約0・1秒後にくちばしが水中に突き入った。その鋭い形状と速度からして、くちばしが水中に入ってからサカナに達するまでの時間は極めて短いだろう。くちばしが水面についてから反応したのでは、サカナもさすがに逃げ切れまい。

でもアオサギも結構失敗しているよな。実際にはサカナはどうしているのだろう。と不思議に思っていた。ちょうどその頃、O君が卒論生として研究室に入ってきた。O君はゲームに詳しく（本人は「まあまあです」と言っていたが）、これが後々活きてくる。

実験にはメダカを使う。アオサギの獲物としては小さすぎるが、コサギ[*1]にはちょうどよかろう。それに、狭い実験室だから仕方ない。

O君は、次のような装置を考案した。

数尾のメダカが入った水槽の上に、適当な間隔を空けて棒を4本つるす。棒はそれぞれ障害物の陰に隠されており、メダカからは見えない。

4本のうちのひとつが突然水槽内に落ちてくる。つまり、コサギの攻撃ですね。棒には糸がついていて、落ちたらすぐに引き上げる。もちろん、メダカは逃避行動を発動する。

この行動をビデオに撮って、メダカの遊泳速度の変化や、個体間の距離を細かく計測する。棒が水に突き刺さる前後合わせて5秒程度のビデオである。短いビデオだが、計測するコマ数は、毎秒5コマずつとしても25コマだ。

5尾のメダカのコマごとの移動速度は、1実験あたり5尾×25コマで125回計測する。個体間距離は、5尾の総当りで10通りなので、10×25コマ＝250の計測数になる。しかも、実験は20回は繰り返して行う必要がある。さらにメダカを3グループ用意するとして……。

よって、遊泳速度については7500回、個体間距離については1万5000回の計測を行わなければならない。しかも、本実験の前に、その2倍ぐらいは予備実験をやっておかないといけないだろう。

「ビデオの画面を見ながら、定規とストップウォッチを使って計測していたのでは、日が暮れ

るどころか、卒業できなくなってしまうな。ハハハ」（わたしの力ない笑い）
O君の視線は既に遠くを泳いでいる。
「ここはひとつ、コンピュータ様の力を借りようではないか」
「それが良さそうですね」

今でこそ、こういった基本的な計測に応用できるフリーウェア[*2]が手に入るようになったが、当時は市販の「行動追跡システム」がウン百万円もした。買えるわけがない。

「とにかく、ビデオを読み込んで、コマごとにメダカの位置座標を簡単に取得できればよいのだ。あとは、個体間距離も個体ごとの遊泳速度も計算で出せるわけだし」

「はあ、それぐらいならなんとかなると思います」

「えっ、それは一体どういうことかね」

「ええ、まあ単純なゲームみたいなものですし」

O君はあまり物事をはっきり言わない。

しつこく問いただしてみると、O君は簡単なゲームなら作れる（プログラムできる）と言うではないか。ビデオ画像をゲームの背景にして、メダカの位置をクリックすれば、その座標を数値として保存できるプログラムを組むという。

ビデオのコマを次々に読み込んでこれを繰り返せば、数秒のビデオの数匹のメダカなら、さほど大変な思いをせずにデータが取れるはずだ。

「すごいじゃないか」

「ええ、まあ、とりあえず作ってみましょう」

というわけで、プログラミングが卒論のメインになってしまった。

「単純なゲームみたいなもの」とはいえ、そう簡単にできるものではない。研究に使えるだけの信頼性と使い勝手が両立していなければならない。

サカナをビデオに撮ってはプログラムの動きを試す、ということを繰り返して、ようやくメダカの逃避行動を解析する運びとなった。

前述の棒落下装置を使ってメダカの逃避行動を記録し、これを解析したところ、興味深いことがわかった。

棒の着水直後に最大速度で逃げるのは予想どおりだが、解析結果をよくみると、棒が水面に達する0・3秒前には逃避行動を開始しているのであった（岡田と吉田、2011）（図4－

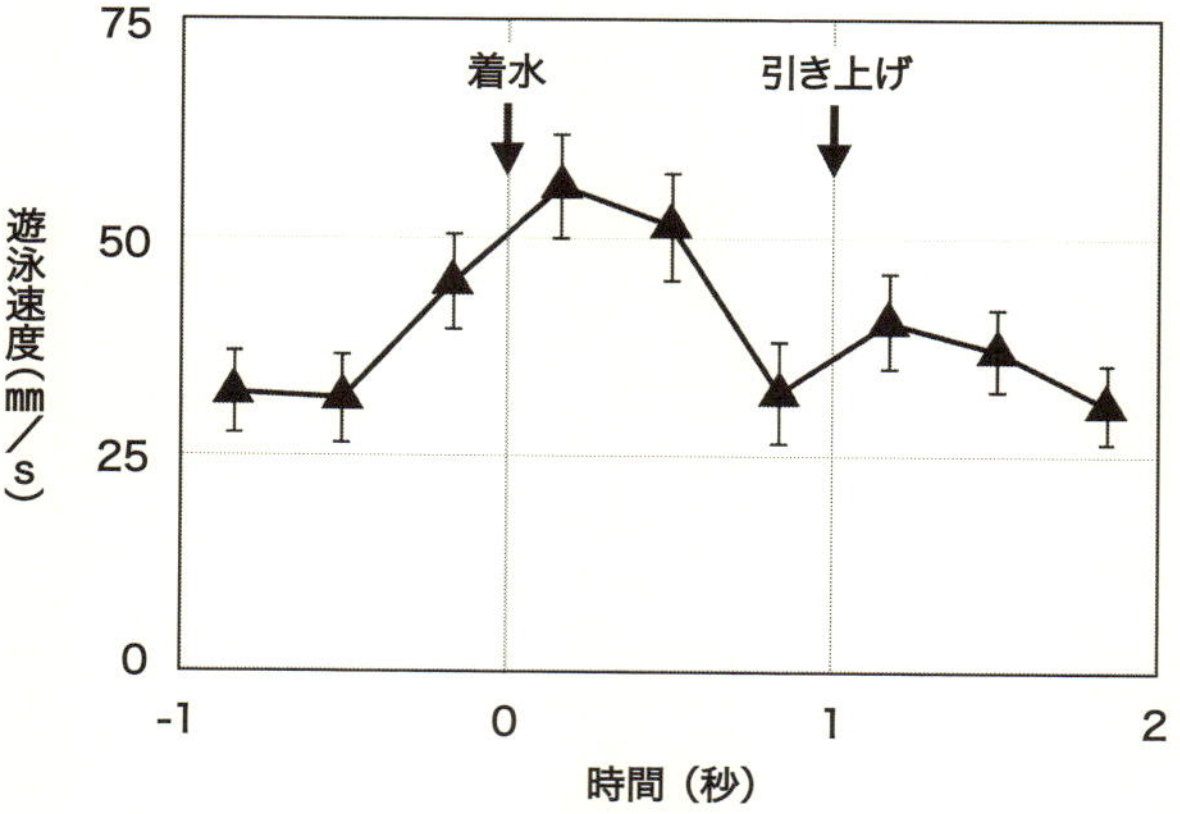

図４－４　落下してくる棒に対するメダカの逃避行動。棒が着水する少し前に遊泳速度が高まる（つまり逃避を開始する）。棒を引き上げる時にも反応している。

4）。

棒が落ちてくる途中でこれを視覚的に捉え、C－スタートによる逃避を開始したわけである。

サカナの逃避速度をもってすれば、サギのくちばしから逃れるのは十分可能だ。ただし、サギの場合、捕食体勢からクチバシが水に突き刺さるまで0・1秒ほど（アオサギの場合）だから、サカナが逃げるのが間に合わないことも多いだろう。

O君の研究結果は、サカナの逃げる能力の素晴らしさと、それに劣らぬ鳥の捕食スピードの速さを、改めて認識させてくれた。

何かが自分に迫ってくる時、その物体が急

激に大きくなるように見える。こういう刺激を「ルーミング刺激」という。サッカーボールが突然目の前に飛んで来るような状況ですね。ディスプレイ上に表示された画像が急激に大きくなるようなアニメーションでも、有効なルーミング刺激となる。

このような刺激を受け取ると、たいていの動物はこれを回避するような反射的行動を起こすとともに、恐怖する。正確には、逃げるという行動が先に生じて、怖いという意識的な情動はそれにやや遅れる。

なぜこんな細かいことにこだわるかというと、これが大問題だった時代があるのだ。森でクマに出会ったらどうするか。とっさに死んだフリっていうのもなかなかできるものではない。しかも、効果には疑問がある。ふつう、怖いから逃げる。

でも待てよ、本当にそうか。

逃げるから怖いのだ、と結論したのがジェイムズ[*3]（19世紀の終わり頃）である。彼によれば、「逃げる」という体の反応が脳で解釈されて、「怖い」という意識的な体験を引き起こすのである。

怖いから逃げるのではなく、逃げるから怖いのだ。悲しいから泣くのではなく、泣くから悲しいのだ。そう言われると、うーん、たしかにそうかもしれない、と思ってしまう。笑う表情を作ると楽しくなるって言うしな。

いやいやそうじゃないよ。恐怖などの情動を引き起こすような刺激は、脳の視床下部というところでふた手に分かれて、情動の身体反応と情動の意識体験を同時に生じさせるのだ。こう主張したのがキャノン[*4]やバード[*5]（20世紀の初め～中頃）である。

いろいろな論争を経て、現在では、体の反応と情動の意識体験は同時に進行するが、それぞれが相互に影響しあっていると考えられている。

緊急事態で、素早い体の反応が必要な時には、情動の意識体験は少し遅れることになる。恐怖については、この後でもう少し詳しく考えよう。

＊1　**コサギ**：いわゆるシラサギには、体が大きい順にダイサギ、チュウサギ、コサギがいる。アオサギはダイサギよりもさらに大きい。
＊2　**フリーウェア**：無料で入手・使用できるソフトウェア。趣味的なものから、実用的なものまで様々。安定性や安全性に問題がある場合もあるので、使用には注意が必要。
＊3　**ジェイムズ**（William James, 1842–1910）：アメリカの哲学・心理学者。
＊4　**キャノン**（Walter B.Cannon, 1871–1945）：アメリカの生理学者。
＊5　**バード**（Philip Bard, 1898–1977）：アメリカの生理学者。

5　恐怖するサカナ

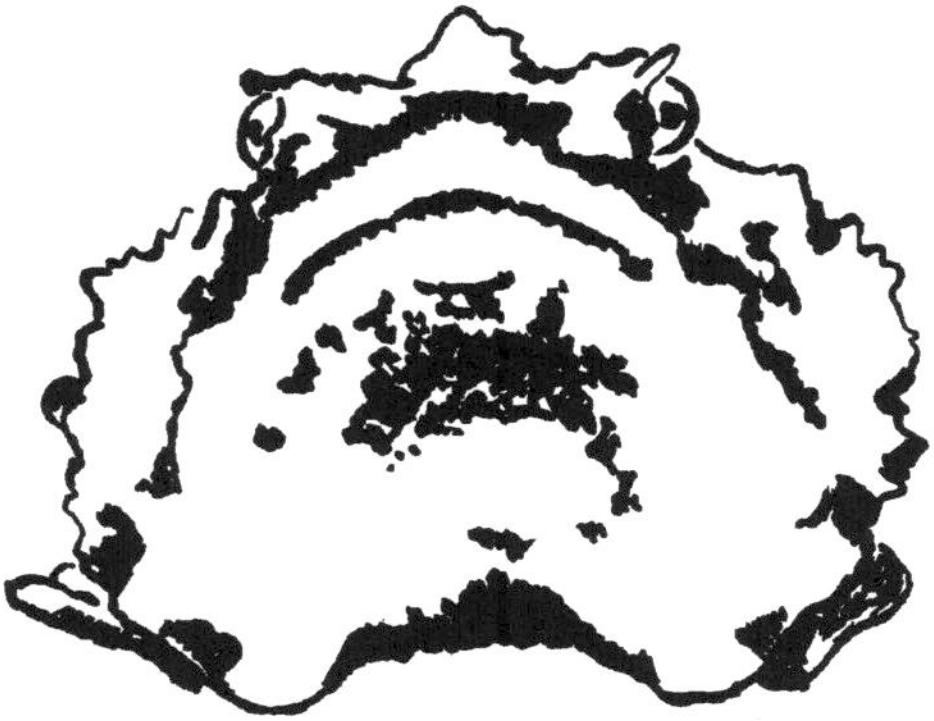

オニオコゼ正面

警報フェロモン発令中

わたしの研究テーマのひとつが、恐怖である。

正直に言おう、わたしはとびきりの怖がりである。特に、人工的に引き出される恐怖には耐え難いものがある。お化け屋敷とか、恐怖映画とか。映画のタイトルを聞くだけで背筋が凍る。深夜の墓地とかは平気。

サカナも、もちろん恐怖する。恐怖というのは、自分に害を及ぼす対象を、直接もしくは間接的に認知している時の心理状態と身体反応である。「今にもやられる」とか、「くるぞくるぞ」という状態ですね。

前にも書いたが、対象が曖昧で、なんとなくマズいことが起きそう、というのは不安。

恐怖や不安とか、喜びや快感とかをひっくるめて情動と言う。情動とは、自分自身や種《しゅ》の存続に関わるような状況で引き起こされる心と体の反応である。

情動と似た言葉に感情があるが、これはどちらかと言うと、主観的な意識体験に重きを置く。

サカナが主観的な「気付き」をともなう意識をもっているかどうかはわからない。だから、より「体の反応」に重点を置いた情動という言葉を使う。わたしは、サカナなりの主観や意識があると思っているが、証明は難しい。

命に関わる事態が差し迫っている、という状況が恐怖を引き起こす。恐怖の情動は、逃避行動や防御反応を引き起こす。よって、その個体の生存確率が上がる。だから、恐怖というのは動物が生き残るために無くてはならない情動である。当然だよね。すべての脊椎動物（サカナからヒトまで）で、基本原理は共通である。

恐怖情動は、ヒトの場合表情にはっきり表れるが、他の動物の場合でも表情や姿勢から読み取れる。進化論で有名なダーウィン[*1]は、人間も含めた脊椎動物の情動表出に、かなりの共通性が認められることを発見した。そして、各種情動の表現は、生体の生き残りや繁殖に合理的な機能を果たしていると考えた。この考えは、今でも通用する。

サカナにとっての恐怖状態というのは、「今にも食われそう」な時がその代表だろう。捕食者に追い回されている時はもちろん恐怖であるが、追い回される前に恐怖を感じることができれば、逃げられる可能性が高くなる。

このしくみの代表が、「警報物質」である。群れの中の誰かが捕食者の攻撃を受けると、その傷口からこの警報物質が染み出して、近くの仲間に危険を知らせるのである。非常に低濃度で効果を示すので、警報フェロモンともよばれている。

どれくらい低濃度で効果を発揮するか。ゼブラフィッシュを使って実験したところ、2リットルの水が入った水槽に、1000分の1尾分の皮膚抽出物（警報物質を含んでいる）を入れるだけで、約半数のゼブラフィッシュが恐怖反応を起こした。群れているゼブラフィッシュに与えた場合、反応はより顕著である（図5－1）。

あまり知られていないが、ウロコの硬い部分というのは真皮の一部である。その外側に、生きた細胞が並んだ表皮がある。警報物質は、この表皮に含まれる。

ゼブラフィッシュのウロコの数を数えてみると、約360枚であった。1000分の1尾分の表皮というと、ウロコ1枚分よりも小さいことになる。ちょっとした傷でも、周囲の仲間に

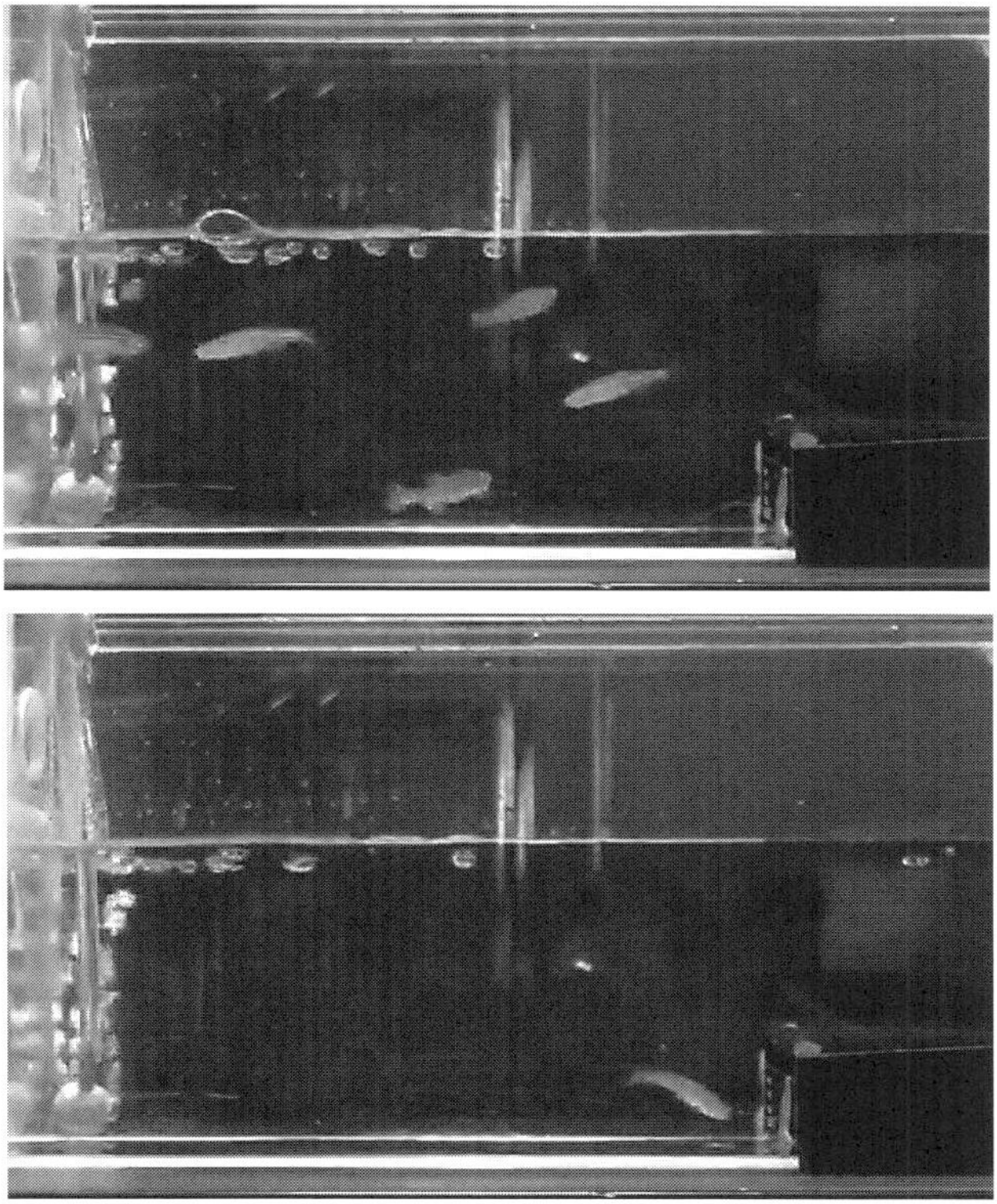

図５－１　上：ゼブラフィッシュの皮膚抽出物投与前。5 尾のゼブラフィッシュが水槽内を自由に泳ぎ回っている。下：1000 分の 1 尾分の皮膚抽出物を水槽内に注入して数秒後。最後の 1 尾が、右下のシェルターに飛び込もうとしている。他の 4 尾は既にシェルターの中。

「警報」を伝えるというわけだ。

警報物質の存在は、1938年にカール・フォン・フリッシュによって報告されている(von Frisch, 1938)。ハヤ[*2]の皮膚をすりつぶして、ハヤの群れが入った水槽に入れると、群れは物陰にかたまる反応を示した。彼は、この反応を引き起こす物質を「恐怖物質」とよんだ。

フリッシュは、ミツバチが巣で踊るダンス(8の字を描くように踊るので、8の字ダンスとよばれる)が、蜜のありかを伝える意味をもつことを示した研究で有名である。コンラート・ローレンツ、ニコラス・ティンバーゲンとともに、動物行動学への貢献で、1973年にノーベル医学生理学賞を受賞している。

警報物質は、骨鰾上目《こっぴょうじょうもく》[*3]というグループに属するサカナがもっている。身近なところでは、コイ、フナ、ハヤ、ナマズなど。ゼブラフィッシュもこの仲間だ。骨鰾上目のサカナほどよく調べられてはいないが、サケやハゼなど、他のグループに属する種類も警報物質をもっているとされる。

骨鰾上目がもっている警報物質の有効成分は、ヒポキサンチン3-N-オキシドという舌を噛みそうな名前の化合物である。おそらくこの物質以外の成分もあわせて、それぞれの魚種特有の「警報物質カクテル」として作用しているのだろう。

同じところに棲んでいるサカナは、種類が違っていてもお互いの警報物質に反応する。一方、生息場所が異なる場合は、ある魚種の皮膚抽出物は、違う魚種には警報効果が低い。つまり、何らかの方法で、自分とは異なる種類のサカナの警報物質も、危険を知らせる手がかりとして学習するということらしい。

このような化学物質（ニオイ物質と言ってもよい）による警報シグナルのしくみは、とても鋭敏であるゆえに、外乱にも敏感である。人間活動に由来する様々な物質から悪影響を受けるのだ。BrownとChivers（2006）がまとめたところによれば、わずかな量の殺虫剤や重金属とかpHの変化が、サカナの警報シグナルへの感度を下げてしまうのである。

キンギョの古典的恐怖条件付け

さて、話を恐怖に戻そう。

恐怖の多くは、経験すなわち学習によって作られる。このしくみを実験的に調べるために、最大限単純化したものが「古典的恐怖条件付け」である。いかにも怖そうなネーミングですね。

古典的恐怖条件付けは、ラットでよく調べられている。まずラットに音を聞かせる。初めてこの音を聞いたラットは、ちょっと注意を向けるが、特段何も起こらなければ、数回繰り返すと無視するようになる。次に、音を鳴らしている時に、床を通して電流を流し、ラットをピリッと刺激する。これを何度か繰り返すと、音が鳴るだけで体をすくませるようになる。これは、電気ショックを予期したことによる恐怖の反応である。すくむ時間が長いほど強い恐怖状態にあるということだ。

電気ショックはもともと反応（無条件反応という）を引き起こす性質をもっているので、「無条件刺激」とよぶ。これと組み合わせて与える、本来意味のない刺激（この場合は音）を「条件刺激」とよぶ。

そして、新たに条件刺激によって引き起こされるようになった、すなわち獲得された反応を、「条件反応」とよぶ。先のラットの場合、恐怖のすくみ反応が条件反応である。この条件付けは、いわゆるパブロフの犬と同じ原理だ。パブロフの犬の場合、ベルが鳴るとよだれを垂らしたが、恐怖の条件付けの場合は、ベルが鳴ると恐怖に身をすくめる。

郵 便 は が き

料金受取人払郵便

晴海局承認

8107

差出有効期間
平成30年 9月
11日まで

104 8782

905

東京都中央区築地7-4-4-201

築地書館 読書カード係 行

お名前	年齢	性別	男・女
ご住所 〒			
電話番号			
ご職業（お勤め先）			

購入申込書

このはがきは、当社書籍の注文書としてもお使いいただけます。

ご注文される書名	冊数

ご指定書店名　ご自宅への直送（発送料230円）をご希望の方は記入しないでください。

tel

読者カード

ご愛読ありがとうございます。本カードを小社の企画の参考にさせていただきたく存じます。ご感想は、匿名にて公表させていただく場合がございます。また、小社より新刊案内などを送らせていただくことがあります。個人情報につきましては、適切に管理し第三者への提供はいたしません。ご協力ありがとうございました。

ご購入された書籍をご記入ください。

本書を何で最初にお知りになりましたか？
□書店　□新聞・雑誌（　　　　）□テレビ・ラジオ（　　　　　）
□インターネットの検索で（　　　　）□人から（口コミ・ネット）
□（　　　　　）の書評を読んで　□その他（　　　　　　　）

ご購入の動機（複数回答可）
□テーマに関心があった　□内容、構成が良さそうだった
□著者　□表紙が気に入った　□その他（　　　　　　　　）

今、いちばん関心のあることを教えてください。

最近、購入された書籍を教えてください。

本書のご感想、読みたいテーマ、今後の出版物へのご希望など

□総合図書目録（無料）の送付を希望する方はチェックして下さい。
＊新刊情報などが届くメールマガジンの申し込みは小社ホームページ（http://www.tsukiji-shokan.co.jp）にて

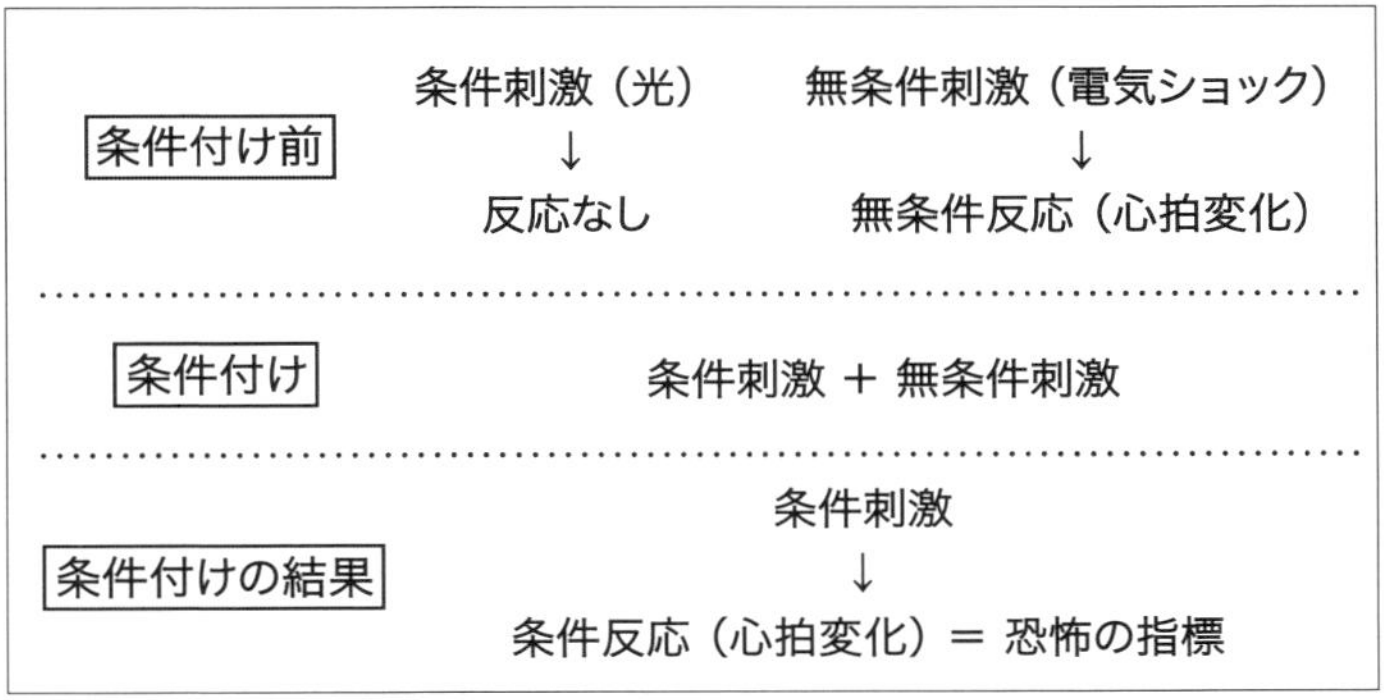

図5－2　サカナの古典的恐怖条件付けの手順。

サカナでも、全く同じ方法で「恐怖の条件付け」ができる（図5－2）。音のかわりに光を点灯させて、これを条件刺激とする。無条件刺激として、水中に設置した電極を通じて弱い電気ショックを与える。

サカナの場合、ラットのような「すくみ」反応は計測しにくいので、別の指標を用いる。心拍である。

人間のような攻撃的もしくは活動的な動物は、恐怖状態では心拍が速くなる。怖くてドキドキするということですね。戦ったり逃げたりする準備だ。

わたしたちが研究対象にしているキンギョのような、いわゆる「弱い」動物の場合、恐怖状態では心拍が遅くなる（図5－3）。ウサギなんかも、逃げられる状態では心拍が速くなるが、逃げられない時（拘束されているとか）では、恐怖状態で心拍が遅くなる。

キンギョの場合、恐怖状態で心拍が遅くなるのと同時

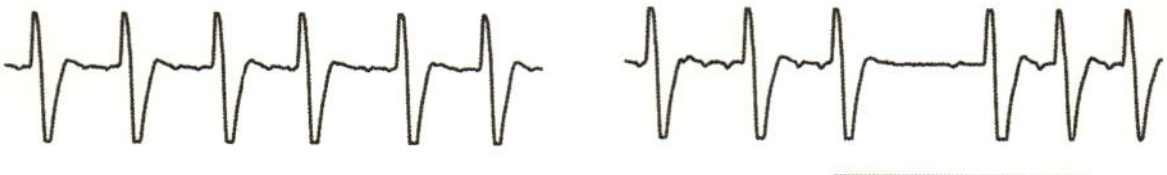

図5－3　キンギョの心拍と恐怖反応。左は条件付け前。条件刺激（ライトの点灯）は、心拍反応を起こさない。右は条件付け後。恐怖の条件反応として心拍減少が起きている。

に、呼吸も少なくなる。これは、できるだけ活動レベルを下げて、捕食者に見つかりにくくするための反応であろう。

わたしたちも、「あまりに怖くて、心臓が止まるかと思った」などと言うことがあるが、サカナの場合、本当に止まってしまうのだ。恐怖条件付けを受けたキンギョの場合、条件刺激を与えている間、10秒間ぐらい心拍が停止することもあった。もちろん、キンギョはこれで死んでしまったりはしない。

恐怖の学習というのは、生命に危機が迫っている状況の学習である。今回はなんとかしのいだとしても、次はやられるかもしれない。だから、速やかに学習する。条件刺激と無条件刺激の組み合わせを数回与えるだけで、恐怖の反応（つまり心拍の減少）が現れるようになる。

恐怖は、キンギョの脳の中でどのように作り出されるのか、というのがわれわれの重大関心事である。

いろいろと実験した結果、古典的恐怖条件付けには小脳が重要な役割を果たしていることがわかってきた。ちなみに哺乳類でも、小脳がないと、これと同じタイプの恐怖条件付けができない。

小脳というのは、様々な脊椎動物でその構造（神経回路のつくり）とはたらきが共通なのである。

高等学校の生物の教科書には、小脳のはたらきは「運動の調節と身体の平衡を保つ」ことだと書いてある。実のところを申せば、小脳にはもっといろいろな役割がある。最近では、感情に関わる機能が注目されている。

わたしたちが得た結果は、「キンギョの古典的恐怖条件付けには小脳が必要です」のひとことで済んでしまうわけだが、これは10年ちかくにわたる苦難に満ちた研究の成果なのである。いくつもの証拠を重ねて、小脳の重要性を証明してきたわけだが、その中でも、「小脳の局所麻酔」の実験が決め手になったといえる。

いつも落書きばかりしている、H君という学生がいた。研究室の物品にも、いまだに作品が残っている（図5－4）。

H君の卒論は結構手間のかかるテーマだったが、真剣に取り組み、結果を得つつあった。卒論を終えたら、大学院に進学したいという。

「それで、大学院ではどんな研究がしたいのかね」

「なんでもいいんです」

「なんでもいいと言ったって、それじゃ、どうして大学院に進学するのかね」

「もうしばらく学生をしていたいと思いまして」

「なんと不純な……」（いや、ここは広い心で受け入れるのが、わが研究室のあるべき姿である）

うむ、そのようなことを言うのであれば、ここはひとつ難度の高い研究をやってもらおうで

図5－4　H君の実験ノートの落書き。ついにリドカイン注射実験を10例成功させたらしい。実験は結構楽しかったようだ（作者の許諾を得て転載）。

はないか。

「恐怖条件付けの途中で、キンギョの小脳に局所麻酔薬を注射すれば、恐怖の条件反応が獲得されなくなるはずだ。これで小脳の重要性が確定するぞ」

「すごく難しそうな実験ですね、そんなこと本当にできるんですか」

「キミがやるのだ、キミの研究の成果が勝負を決めるのだ」（一体誰と勝負するのか）

「そう言われたら、やらないわけにはいきませんね」（ノリやすいな）

何しろ、恐怖の条件付けをしながら、小脳に限定して微量の薬物を注入するのである。そう簡単にできるわけがない。

しばらく学生を続けたいという不純な動機で大学院に進学したH君は、さぞかし後悔しているだろう。と思いきや、実に楽しそうに毎日実験しているし、落書きも順調に増えている。

そして、あれやこれやと試行錯誤を重ね、ついに「条件付け＋微量注射」の技術が完成した。

やるじゃないか。

条件付けの直前に、局所麻酔薬リドカインを溶かした生理的塩類溶液[*4]をごく少量注射する。すると、条件刺激（光）と無条件刺激（電気ショック）を組み合わせて与えても、恐怖の条件反応（心拍減少）は現れなくなった。条件付けの1時間前に麻酔薬を注射しても効果がない。リドカインという薬物は、注入されたあと、速やかに分解される性質をもっているからだ。

そりゃ中身が何であれ、脳みそに注射なんてされたんでは、すぐに学習ができるわけないでしょ、という疑問もでるだろう。もちろん、対照群として、生理的塩類溶液のみを注射した時の影響も確認している。この場合、条件付けを阻害する効果はない（Yoshida and Hirano, 2010）。

この研究成果を論文にして少したった頃。イギリスから一通の手紙が届いた。要約すると、「わたしは旅行が好きである。ところが大変な高所恐怖症で、飛行機に乗れないのである。だから、遠くへ旅行に行けない。あんたの論文によれば、小脳に特別な注射をすれば恐怖がなくなるというではないか。どうかわたしに一本打ってもらえないだろうか」

と、つらい胸の内が真剣に書き連ねてある。手紙には、イギリスの新聞の切り抜きが同封されていた。先述のわたしたちの論文が取り上げられた記事で、少し大げさに面白おかしく解説してある。そのイギリス人は、この記事を読んで、切実な思いを込めてわたしに手紙を送ってきたのだ。

残念だが注射はできないこと、そもそも高所恐怖症の治療には使えないことを丁寧に説明し、しかるべき筋に相談することを勧める返事を送った。当然ながら、論文には人間への応用など一言も書いていない。その新聞は、いわゆるタブロイド紙という部類に入る大衆紙で、ゴシップ記事も満載である。罪つくりな記事を載せたものだ。

さて、話をキンギョの恐怖条件付けに戻そう。

キンギョ（多分他のサカナも）の「古典的恐怖条件付け」には、小脳が決定的な役割を担っていることが明らかとなった。では、実際のところ、小脳の神経回路はどのようにはたらいているのか。という疑問が、当然湧いてくる。

サカナの小脳の回路は、簡略化して書くと図5－5のようになっている。ここで、キモになるのが、プルキンエ細胞と名付けられている大きなニューロンである。情報が集まり、それを処理して、結果を出力しているらしい。入力1と2のいずれにもさまざまな感覚や運動の情報が含まれる。それぞれの内容とタイミングによって、プルキンエ細胞の活動が変化するのだ。

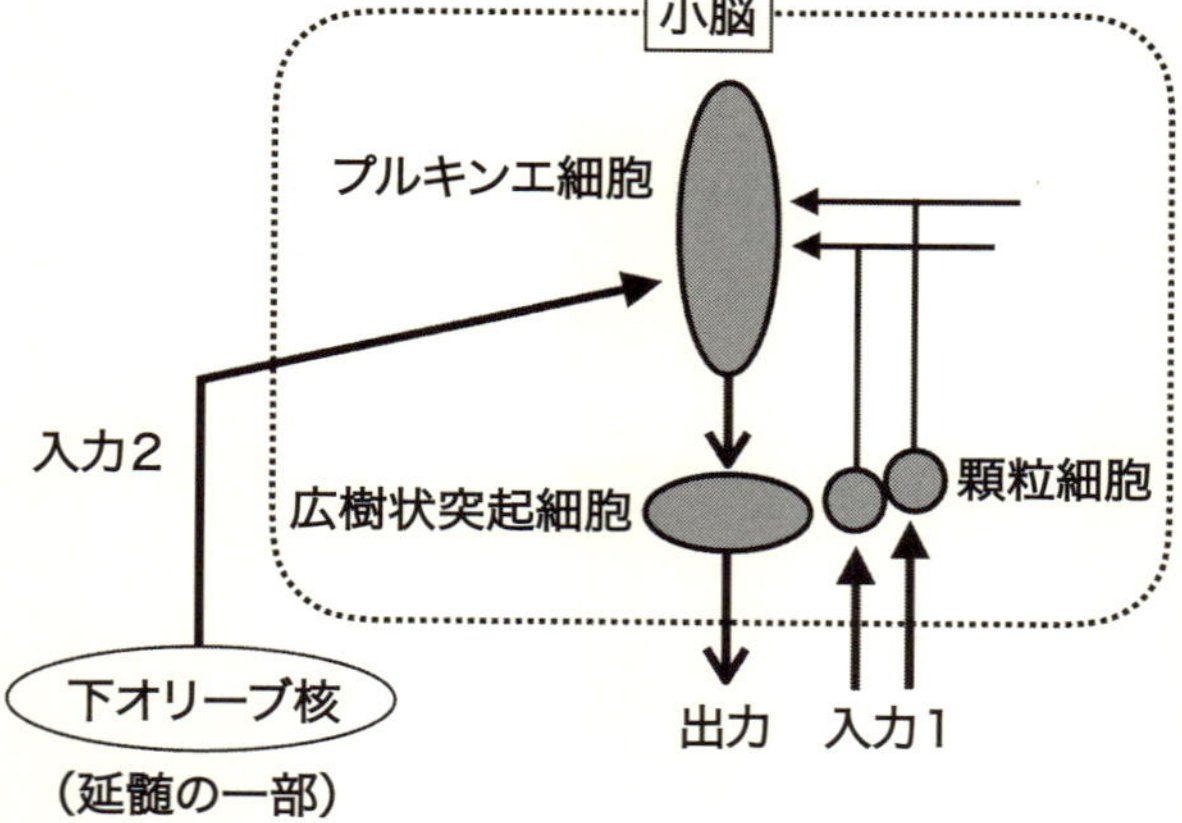

図5－5　サカナの小脳の神経回路。主要な部分のみを示してある。

ということは、恐怖学習の最中に、このニューロンがどのように活動するのかを観察しなければ、恐怖がいかにして作られるかの理解は進むまい。

こりゃあ、ますます難しい研究になるぞ。

パルスを追え

ニューロンは、電気的なパルス[*5]を発生して情報を表現している。ニューロンのごく近くにすごく小さな電極を置くと、そのパルスを記録することができる。

ということは、恐怖の条件付けを行っている間、小脳に細い電極を刺しておいて、プルキンエ細胞のすぐ近くからその活動を記録すればよいのだ。理屈は明快なのだが、やるとなるとかなり難しい。

条件付けを行っている約3時間の間、キンギョの小脳からたった1個のニューロン活動を記録し続けるのだ。この時、電極の先端が数十マイクロメートルずれただけで、ニューロンを「見失って」しまう。しかも、条件付けだって、毎回成功するとは限らない。

わたしの汗と涙の日々については省略するが、どうにかこの実験ができるようになった。だが、成功率が低いので、なかなかデータがたまらない。

しかしなんとか、恐怖学習が進行すると、プルキンエ細胞の反応が変わってくるらしいことまではわかってきた。ただ、いかんせん実験が難しい。

「この実験、ちょっとつらくなってきたな。というか、あまりにもつらいな」

わたしは、実験していれば幸せ、という性分なのだが、さすがに弱気になってしまった。

そんな時、別の大学を卒業したK君が、大学院生として研究室の一員となった。わざわざわたしの研究室を選んで大学院生になったのだから、相当気合が入っているのだろう。

「K君、キミは大いなる成果をつかむべく、困難に挑戦してみたくはないか」

「ぜひ挑戦したいです」

「これこういう実験で、こんなにつらいんだが、うまくいったら、すごく説得力のある貴重なデータが得られるのだ」

「そういう研究がしたかったんです」

（目が輝いている、よしよし、うまく引き込んだな）

K君の汗と涙の日々が始まった。

来る日も来る日も、K君は実験台に向かった。

「どうかね、データは取れるかね。あまりにもつらいようなら、少し方針を変えてもよいと思うのだが」

「データはめったに取れません。でも、うまくいった時は体中に興奮がみなぎりますね。まだまだ頑張ります」（目が輝いている）

（まるで射幸心をあおるギャンブルにハマってしまったみたいじゃないか）


しばらくして、K君は、実験がうまくいっている時はそれをアピールするようになった。プルキンエ細胞の活動は、電気的なパルスとして記録される。これを増幅してスピーカーにつなぐと、「プップップッ」という音として聞くことができる。うまくいっている時は、この音が廊下にまで響くほどスピーカーの音量を上げるのだ。

「プップップップッ」と調子よく響いていた音が突然途切れ、そのまま静かになると、その時点で失敗確定である。そんな時は、わたしまで「あぁぁ」と深いため息をついてしまう。かける言葉もないので、実験室には入らずにしばらくそっとしておく。

K君は、大学院の2年間、根気強くこの実験を続けた。その結果、次のようなことがわかった。

①プルキンエ細胞には、条件刺激（この場合、光）に反応して活動が増加するものと減少するものの両方がある。ほとんど反応しないものもある。

②恐怖の条件付けをすると、プルキンエ細胞は同じ条件刺激に対して違う反応を示すようになる（図5－6）。

③つまりこれが、恐怖の脳内表現のひとつなのかもしれない。

恐怖時のプルキンエ細胞の活動パターンには複数あり、いろいろな反応を示すプルキンエ細胞が小脳に分散している。小脳の中で恐怖のアンサンブルを奏でているのだ。

もちろん、話はこんなに単純ではないし、恐怖に関係のないプルキンエ細胞もたくさん（あるいはほとんど）ある。また、恐怖にともなうプルキンエ細胞の活動は、二次的なもので、単

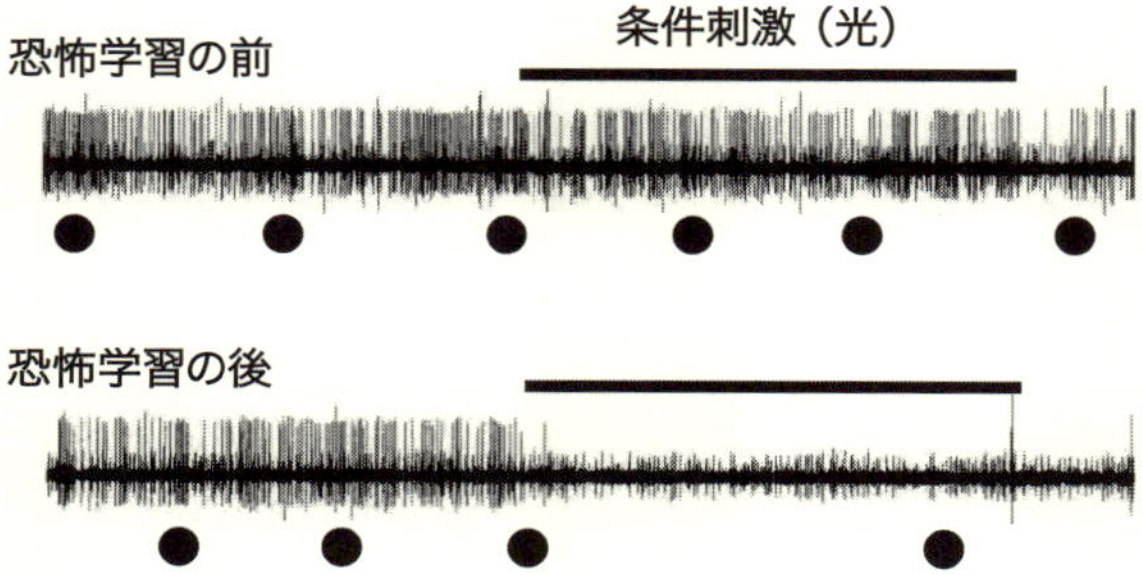

図５－６　恐怖学習（古典的恐怖条件付け）にともなう小脳プルキンエ細胞の活動変化。細い縦線の一つひとつがプルキンエ細胞が発生したパルス。黒丸は心拍のタイミング。学習前は、５秒間の条件刺激（ライトの点灯）を与えてもほとんど変化がない。学習後は、条件刺激を与えて恐怖を引き起こすと、このプルキンエ細胞は黙り込んでしまった。恐怖の条件反応は、心拍の減少として確認できる。

に体の反応を反映しているものも含まれる可能性は捨てきれない。

そのような不完全さはあるものの、古典的恐怖条件付けにともなって、つまり単純な恐怖学習が進むにつれて、活動が変化していくニューロンを直接観察した価値はとても大きい（Yoshida and Kondo, 2012）。

苦労の末にK君が得たデータは、それまでわたしが細々とためていたデータと合わせてまとめ、学術誌に投稿した。

大学院を修了する時、K君に尋ねた。

「どうだ、頑張って続けた甲斐があったろう」

「はい、十分にやりきったって感じです」

K君の目がキラリと輝いた。

＊1　**ダーウィン**（Charles Darwin, 1809－1882）：『種の起源』の著者で、進化論で有名。動物の情動についても重要な著書を残している。*The Expression of the Emotions in Man and Animals*, 1872.（邦訳は、『人及び動物の表情について』浜中浜太郎訳、1931年、岩波書店）。

＊2　**ハヤ**：正確にはミノーというヨーロッパに多く棲む淡水魚。

＊3　**骨鰾上目**：淡水魚の半分以上の種を含むグループで、うきぶくろと内耳をつなぐ小さな骨があるのが特徴。聴覚に優れている。コイ目、ナマズ目、カラシン目などが含まれる。

＊4　**生理的塩類溶液**：いろいろなイオンが、体液と同じ濃さになるように調整した溶液。この実験では、pHも調整してある。

＊5　**パルス**：電気的な状態が短時間だけ急激に変化する信号。

6

サカナも麻酔で意識不明？

サカナと麻酔薬

広島大学には、「広島大学動物実験等規則」というものがあって、動物の飼育や実験は、生命倫理に則った方法で行わなければならない。法律上[*1]は、サカナについては特に決まりがないのだが、わたしたちの研究室では、かなり気を使って飼育と実験を行っている。

たとえば、サンプルをとったり、神経生理学的な実験を行ったりするには、どうしてもサカナを殺さなければならないことがある。そのような時には、深い麻酔をかけてから即殺する。外科手術を行う時にも、適切に麻酔する。

人間同様、サカナにもちゃんと麻酔が効く。人間に効果のある麻酔薬は、たいていサカナにも効果がある。

麻酔には、局所麻酔と全身麻酔がある。

局所麻酔は、麻酔薬を投与した部分とその周辺のみに効く。神経の束や脊髄の近くに投与することで、ある程度広範囲の効果を得ることもできる。ニューロンの電気的な活動を抑えることで、麻酔効果を発揮する。歯の治療の時や、切り傷を縫合する時、治療部位の近くに注射して使用する、あれですね。5章で出てきたリドカインは、人間にも使われている局所麻酔薬のひとつである。キンギョの実験の場合には、脳に直接注入して、注入部位周辺のニューロンの機能を遮断したわけである。

サカナが暴れては困るような時や、外科的な処置を行ったりする時には、全身麻酔を使う。サカナもたぶん痛みを感じる（サカナの痛みについては12章参照）し、過度のストレスは、後々よくない影響を及ぼすからだ。

たいてい、麻酔薬を使用する時は水に溶かす。すると、サカナのエラから取り込まれ、血流に運ばれて脳に作用する。一種の吸入麻酔といえる。

人間における全身麻酔は、中枢神経（脳や脊髄）に作用して、全身的な麻酔効果を及ぼすとともに、多くの場合意識が消失する。麻酔薬を静脈に注射したり、ガスとして吸入させることで使用する。

人間でも、全身麻酔がどうして効くのか、実はよくわかっていない。もちろん、サカナでは全くといっていいほどわかっていない。

サカナに使われている麻酔薬にも沢山の種類がある。Rossら（2008）がまとめた、『水生動物の麻酔・鎮静テクニック』という本の見出しに出てくるだけでも30種類以上ある。水に溶かして使うもの、エサに混ぜるもの、注射するもの、いろいろである。

よく使われている麻酔薬として、トリカインメタンスルフォネイト（通称MS-222）、オイゲノール（ユージノールともいう）、2－フェノキシエタノールがある。

どれもちょっぴり恐ろしげな名前だが、このうちオイゲノールは比較的身近である。クローブオイル（丁子油《ちょうじ》）の主成分で、虫歯の痛み止めになる。クローブは、スパイスとして料理にも使いますね。

オイゲノールは、日本で唯一、水産用（つまり食べるサカナ用）に認可されている麻酔薬でもある。ただし、この麻酔薬を使った後は、少なくとも1週間はそのサカナを水揚げ（養殖池から取り上げること）してはいけないことになっている。北米やヨーロッパでは、MS-222も水産用の麻酔薬として認められている国がある。

これら3種の麻酔薬は、それぞれ効き方が違うので、研究室でも目的に応じて使い分けてい

図６－１　麻酔が効いて、横たわったキンギョ。

る（Misawa et al., 2014）。いずれも水に溶かして使用する。

麻酔薬を溶かした水にサカナを入れると、やがて横たわり、刺激に対する反応が現れなくなる（図６－１）。麻酔が深すぎると、呼吸が止まってしまうこともある。呼吸が止まるほどの濃度で麻酔しても、すぐにふつうの水に移せば、サカナは回復する。

効果の基本はどの麻酔薬でも同じなのだが、麻酔薬の種類によって、刺激に対する反応が失われにくいとか、呼吸が止まりやすいとか、細かい部分が違っている。

全身麻酔とサカナの意識

サカナの場合も、全身麻酔薬は脳に作用していることは間違いない。ではその時何が起きているのだろうか。人間では、意識が消失する。サカナでは？

わたしは、サカナにもサカナなりの意識があると考えている。もちろん、われわれ人間がもつ意識とはだいぶ違うだろう。

ひょっとして、麻酔が効く様子を詳しく調べれば、サカナ的意識の理解に役立つのではないだろうか。こう考えて、キンギョの脳波を記録しながら麻酔をかける実験を行った。

脳波というのは、ニューロンの集団が同調して活動する様子を見るものである。人間のそれとは少し異なっているが、キンギョでも脳波が記録できる。

人間の脳波についてはとても詳しく調べられている。一方、サカナの脳波についてはまだほとんどわかっていないと言ってよい。

人間では、全身麻酔の深さに応じて特有の脳波を示す。また、麻酔薬の種類によって作用する脳部位も異なる。ものすごく複雑で、いまだに議論が続いている。

さて、麻酔がかかるとキンギョの脳波はどうなるのか。小さくなって、ほとんど見えなくなってしまうのである（図6－2）。

どうやら、キンギョに麻酔が効くと、脳のかなりのニューロンの活動が抑えられるようであ

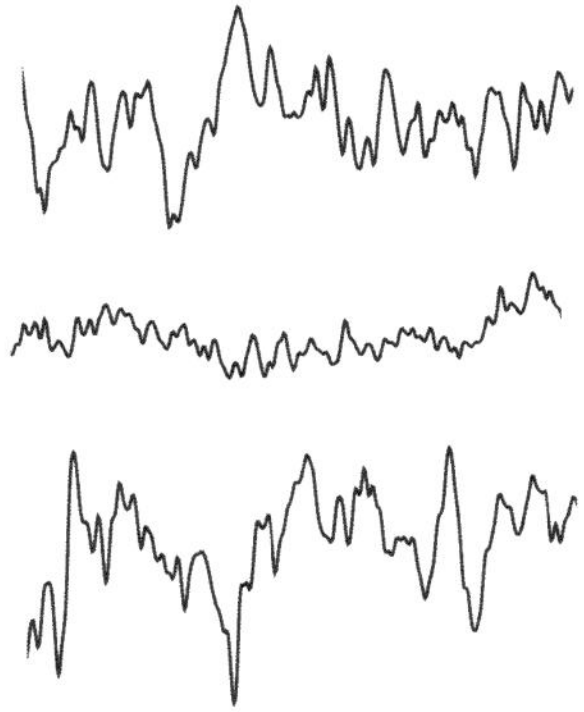

図６－２　キンギョの脳波（それぞれ２秒間ずつの記録）。麻酔中は、脳波がほとんど見えなくなって、ノイズだけが残る。

る。それ以上のことは、今のところさっぱりわからない。

そもそも麻酔と意識の関係に興味をもったのは、わたし自身が全身麻酔を経験したことがきっかけである。

何年も前のことだが、わたしは、ある外科手術を受けるために手術台の上に横たわった。もちろん、全身麻酔をかけられることは理解していた。まず、鎮静剤のようなものを注射され、引き続いて麻酔吸入のためのマスクが顔にかぶせられた。

麻酔が開始され、数を数えるように指示された。いくつまで数えられるだろうか、などとのんきに構えていると、「ミオブロック」と言う声が聞こえた。「おいおいちょっと待ってくれよ、まだ意識あるよ」と、ちょっとパニックになった。

ミオブロック（現在は販売されていないようです）というのは、筋弛緩剤の一種で、運動神経と筋肉との間の伝達を遮断する。つまり、動こうと思っても動けなくなるということ。もちろん、呼吸も止まるから、人工呼吸が必要だ。麻酔ではないので、意識には影響ない。

わたしは、この薬物をサカナに使っていたことがあるのだ。今度はわたしの番なのか……。

患者に勝手に呼吸されたり、筋肉が緊張していると、手術するのに具合が悪いので、この薬物を投与するわけである。麻酔が効いて、意識を失った後であれば、自力で呼吸ができなくなろうが気にしようがない。それこそ、死んだって気がつかない。でも、意識があるうちに息ができなくなるというのは恐怖だ。

さいわい、ミオブロックが効く前に、わたしは意識を失った。意識が戻った時には、病室のベッドにいた。

初めての、しかも薬物によって完全に意識を失うという経験は、「これは使えるかもしれない」という考えにわたしを導いた。

サカナで、麻酔を使った研究を工夫すれば、意識の根源もしくは原始的な意識状態といえるようなものを理解する手がかりが得られるのではなかろうか。そう考えたわけだ。

問題は、サカナの意識レベルをどのように観察し、評価するかという点にある。脳波で評価するのは難しい。先述のように、脳波の記録は可能で、しかも麻酔によって脳波が小さくなることはわかる。しかしながら、脳波の形と意識レベルとの対応がわからないのだ。そこで現在、別の方法を使った、有望な（と勝手にわたしが思っている）アイディアを温めているところである。

全身麻酔と意識の関係について、サカナとヒトとを比較できるようになるのは、まだ当分先のようだ。

＊1 「動物の愛護及び管理に関する法律」（動物愛護管理法）のこと。動物の愛護と適切な管理について定めている。対象となる動物は、哺乳類、鳥類、爬虫類である。

7　各方面に気を配るトビハゼ

トビハゼ

うわけです。

研究室の存在意義をかけて

目は口ほどにものを言う、などと言われる。思っていることは、目の表情によく表れるというわけです。

水族館などでサカナを眺めていると、時折目が合ったような気がすることがある。だけど、サカナの眼にはまぶたもないし、いまひとつどこを見ているのかはっきりしない。

サカナの視野はとても広いと言われる。前後上下、ほとんど全方位が見えるとか。それでは、どの方向も同じように見えているのだろうか。

サカナの種類によっては（特に小型のフグやカワハギの仲間など）、見ている方向がはっきりとわかるように思える。よく眼が動いてキョロキョロしているからだ。しかしどの方向もよく見えているなら、そもそも眼を動かす必要もないはずだ。本当のところ、どこを見ている（どこがよく見えている）のだろうか。

サカナがどこを見ているのかがわかれば、考えていることを理解するヒントになるはずだ。サカナの眼というのは、ただまん丸い目玉焼きみたいな形をしているわけではない。ちょっと楕円形だったり、どこかがへこんでいたりするものである（口絵3）。だから、よく見れば、眼の動きはかなり正確にわかる。

サカナが何かをじっと見ているというのは、たとえば今まさに食いつこうとしているエサを見ている時である。この時の眼の様子がわかれば、眼がどのような向きになっている時にはどこを見ている、というのがわかるはずだ。

T君は、自他ともに認める極端なサカナ好きである。7種類（もっと多いかも）のペット魚を、研究室で飼育している。研究室に入った時、サカナの視覚について卒論研究がしたいのだ、と言った。そこで、サカナはどこをどのように見ているのかを調べよう、ということになった。

サカナの視覚についてはいろいろな研究がある。わたしたちの場合、どのような方向から取り組めばよいだろう。

眼の構造や光を受け取るしくみについてはよく研究されている。光を受け取るタンパク質や遺伝子の発現についての研究も、かなり進んでいる。網膜の細胞密度から、見える方向と精度を推定する研究も多い。

いろいろ調べてみると、網膜を構成している神経細胞の分布と行動観察との両面から、サカナの見え方にアプローチするような研究は比較的少ないようだ。それはなぜかというと、まず行動観察は面倒くさい。見ている方向を詳しく調べようと思えば、そのサカナを飼育しておくことが必要だ。それに、観察結果を数値化しなければ説得力がない。

これに加えて、網膜の神経細胞の分布を調べ、行動観察と対応させようとすると、大変な手間になってしまう。

このような研究こそ、わたしたちの研究室の出番である。「こころの生物学」研究室では、サカナの行動観察を行っている。もちろんそのことは学生もよく知っている。

「しかしそれだけでは、われわれの存在意義がないのだよ」

「と、言いますと?」とT君。

「動物の行動観察については、それを専門的に行っている研究室にはかなわないのだ」

「そりゃそうでしょ」(おいおい、簡単に認めないでくれ)

「まず、われわれは行動を定量的[*1]に観察する」

「客観性が大事ですからね」

「そのとおり。さらに神経の構造とか、脳のはたらきとか、ニューロンのネットワークとか、そういった実験結果をこれに組み合わせるのだ。すると、どのようなしくみでその行動が発現するかまで見えてくるのだ」

「どちらも中途半端になってしまう、ということにはなりませんか」

「む、それは、研究する人の熱意次第だ」

この研究が、どれほど手間がかかるか、この時のT君はまだ知らない。


どのサカナを研究材料にするか、大問題である。わたしはひねくれものなので、いわゆる価値の高いサカナ、たとえばマダイとかブリなんかはあまり使いたくない。多くの人が研究に用いているし、飼育も大変だし、お金もかかる。

どういう経緯か覚えていないが、突然「トビハゼ」がいいんじゃないかということになった。トビハゼは、サカナのくせに水中よりも陸上が好きである。干潟に棲んでいて、潮が引いた泥の上でエサを求めて動き回る（図7－1）。胸ビレを使って、ほふく前進のようにずいっずいっと進む。ちょっと急ぐ時には、素早く尾を曲げ伸ばしして、ぴょんぴょんと跳ねる。実

図7－1　干潟のトビハゼ。

に楽しそうである。

一体こいつらは、潮が引いた干潟の上で何を見ているのか。気になるではないか。しかもかわいい。苦労して飼育するのだから、かわいいというのは重要である。

最近は、トビハゼの生活に適した干潟が少なくなった。都道府県が独自に作成したレッドリスト[*2]に、トビハゼが入っている場合もある。

生息場所によっては、すぐそばまで人間活動が迫り、車や人通りも多い。こんな干潟で、トビハゼが何を見ているのかを明らかにすることは、この不思議なサカナの保護にも役立つのではないか。

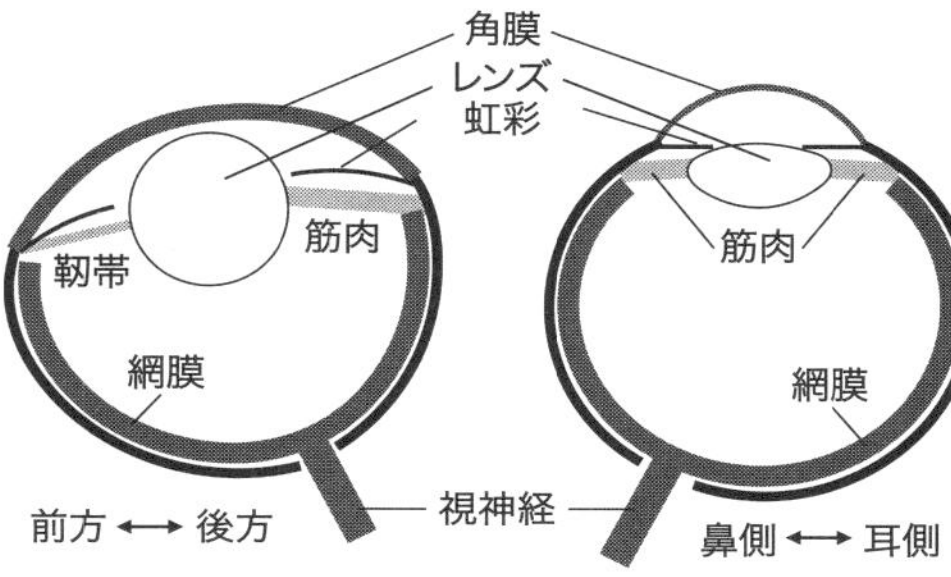

図7－2　サカナの眼（左）と、ヒトの眼（右）。

舞台に上がるトビハゼ

サカナの眼とヒトの眼は、基本的に同じ構造をしている。角膜があって、レンズがあって、網膜がある。余計な光を遮るための虹彩《こうさい》もある（図7－2）。

よく調べれば、違いもある。ヒトのレンズは、すこし扁平な凸レンズ型だが、サカナのレンズはほぼ球形である。

空気中では、外からやって来る光はまず角膜で屈折して、さらにレンズで屈折して、網膜上に像を結ぶ。

角膜と水の屈折率はほとんど同じだから、水中では、光は角膜を素通りする。その分、レンズで大きく屈折させる必要があるので、レンズは分厚く（つまり球形）になる。

ピント合わせ、すなわち遠近調節は、ヒトの場合、レンズの厚さを変えることで行われる。一方、サカナの場合は、レンズの位置を動かして、網膜との距離を調節することで行われる。

また、ヒトの眼は虹彩がよく発達していて、眼に入る光量の調節ができる。サカナの場合、虹彩はほとんど動かない(例外もある。トビハゼもそのひとつ)。眼球の裏側にはいくつかの筋肉がついていて、眼をいろいろな方向に動かせるようになっている。このあたりのしくみは、ヒトもサカナも同じだ。

トビハゼというサカナは、潮が引いた干潟の上で、ゴカイの仲間や小さな甲殻類を食べている。

飼育しているトビハゼを観察していると、少々高い位置にあるエサでも、飛びつくようにしてこれを捕らえる。飛んでいる虫を食べるのは難しいだろうが、石の上やアシの茎についたエサは十分標的になる。

飼育しているトビハゼの目の前、数センチメートルぐらいのところに、小さな疑似餌《ぎじえ》(ただの赤いビーズ)を吊り下げる。すると、トビハゼはまず尻尾(というより下半身)を曲げて「ヨーイ」の体勢をとる。そして一気に体を伸ばしてジャンプして、ビーズに食らいつく。

空中にジャンプしてしまったら、もう方向の修正はできない。だからジャンプの直前に、しっかりと狙いを定めているはずだ。つまり、この時ビーズを注視している。いろいろな高さにビーズを吊って、この行動をビデオに撮って観察する。あとでよく見てみると、ビーズの高さに合わせて眼の向き（つまり角度）をちゃんと調節していることがわかる。

つまり、トビハゼ（他のサカナも）の眼には、特によく見える方向があって、何かをじっくり見る時には、その方向に合うように眼や頭の向きを調節しているのである。

もちろん、人間も同じだ。人間の場合は、眼をまっすぐに向けた時のほぼ正面が特によく見える。それ以外はぼんやりだ。視野の周辺（たとえば横のほう）にこの本を置いて、読もうとしてもまず無理。

とにかく、わたしたちが物をよく見るためには、どうしても網膜の真ん中よりわずかに外側にある黄斑部《おうはん》*3に像が投影されるように、眼もしくは対象物を動かさなければならない。

トビハゼの瞳は前のほうが少し膨らんだ楕円形をしている。何かを注視している時は、この楕円の長径方向に対象物が位置するように眼の角度を調節している。ずっと上のほうのものを見る時には、ついでに頭も上に向けている。

ちなみに、サカナにはわれわれのような首はない。サカナにとって、人間の首に相当する部分は、エラの付け根であって、自由には動かせない。人間はとても柔軟な首をもっているが、

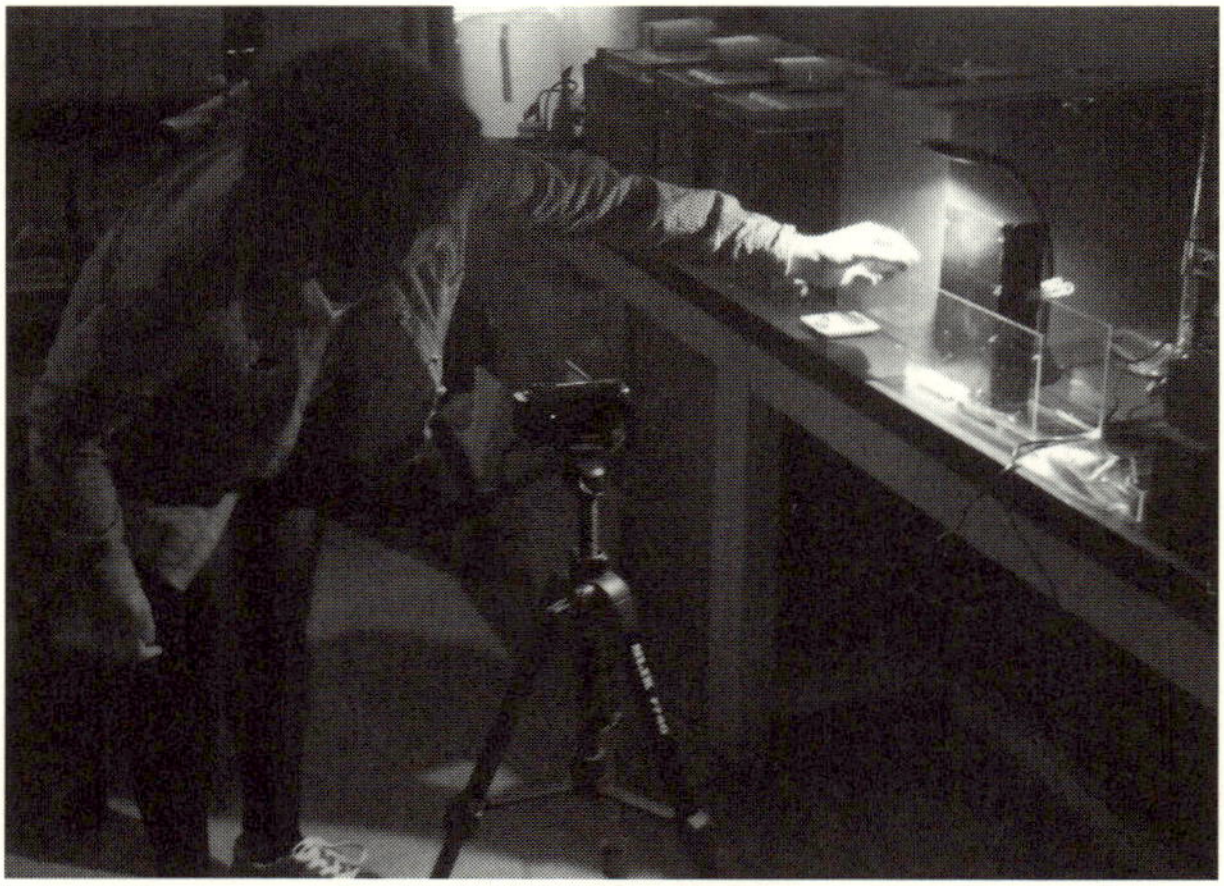

図７－３　エサを見せて、トビハゼを舞台に誘導する。

進化において「首」の発明は重要な出来事であったのだ。

トビハゼの柔軟な前部脊椎は、陸上生活への適応に違いない。水中では浮力を利用していろいろな方向に身体を向けることができる。しかし陸上では接地しているので、頭だけを動かす必要があるのだ。

さて、トビハゼがビーズに飛びつく様子をビデオに撮る。これが実は簡単ではない。ただ撮るだけならどうってことはない。しかし、眼の角度や体の向きを計測するには、常に同じようなポジションで正確に撮らなければ使えない。

専用の水槽を用意し、適切な舞台設定をする必要がある。舞台に上がって、素晴らしいパフォーマンスを披露するトビハゼを、アップで撮るのだ（図7－3）。「舞台」というのは、プールサイドのような、水面よりも少し高い位置にある平らな陸地である。水族館のアシカショーの様子を想像してもらえば、それに近い。まず、トビハゼに舞台に上がってもらわなければならない。舞台に上がればエサが得られることを学習させるのだ。これができるようになれば、次がビーズの実験である（図7－4）。

トビハゼにもその日の気分というものがあるので、舞台に上がっても、あまりビーズに興味を示さないこともある。せっかくその気になっても、何度も繰り返しビーズに飛びつかせていると、嫌になって舞台からおりてしまう。

サカナの気持ちを推し量りつつ、最大のパフォーマンスを引き出す。これが行動実験のキモである。

とにかく、トビハゼは、何かをよく見る時には眼の向きをちゃんと調節していることがわかった。この時、その対象物とレンズの中心を通る延長線上の網膜に像が投影されることになる。したがって、網膜のその部分が、最も高い空間解像度[*4]で光情報を脳に送っているはずである。

本当にそうなのか、よく見えているのはこの方向だけなのか。だとすると、程度の差こそある。

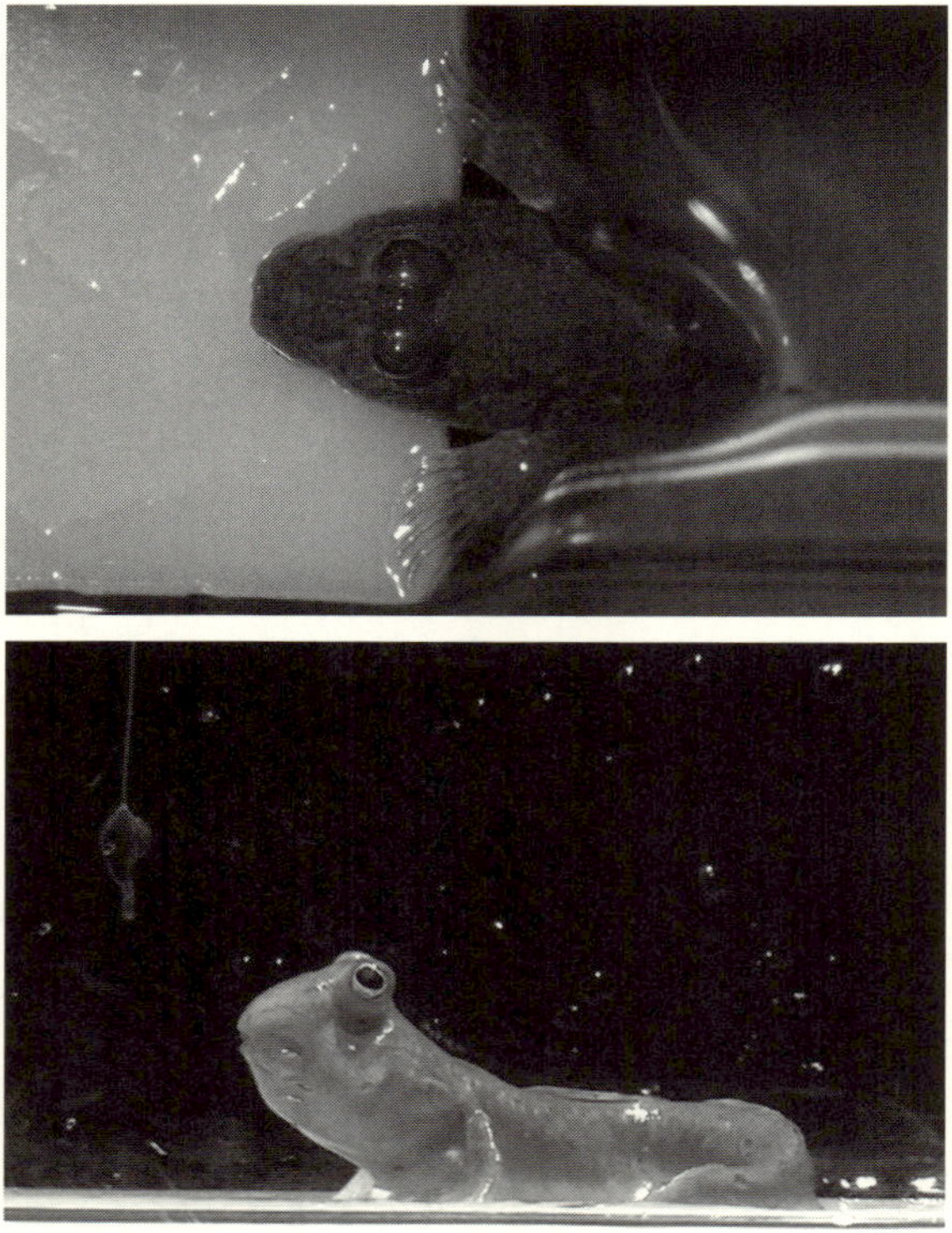

図7－4　舞台に上がればエサがもらえると、学習中のトビハゼ（上）と、ビーズを見つめるトビハゼ。ビーズに飛びつく決定的瞬間を撮る（下）。

れ、われわれと同じように外界が見えているのだろうか。

水玉模様がちらつく

どの方向が、どの程度見えているのかを知るために、網膜の細胞の密度分布を調べる方法がある。

網膜は、脳の一部といってもよい。光を受け取り、ニューロンのネットワークによってある程度情報処理をして、その結果を、視神経を通じて脳本体に送っている。網膜からの出力を担うのが、神経節細胞とよばれるニューロンである。このニューロンの軸索が視神経を構成している。よって、網膜の中で、神経節細胞がより高い密度で分布している部分は、視野の中でもよく見える方向を反映しているといえる。言いかえれば、よく見える方向とは、〝神経節細胞密度の高い部分とレンズの中心とを通る直線の向き〟ということになる。

ちなみに人間では、網膜の中心窩[*5]付近の神経節細胞の密度は、網膜周辺部の100倍ぐらいある。

そこで、トビハゼの網膜神経節細胞の分布を調べることにした。詳しい方法は省くが、要

は、

①トビハゼの眼から網膜を取り出し、これを広げてガラスに貼り付ける
②神経節細胞が見えるように、染色をする
③この標本を顕微鏡で見て、単位面積あたりの神経節細胞の数を数えて密度を算出する
④網膜の場所による神経節細胞の密度の違いを明らかにする

ということである。

この中で、一番苦労するのは、「神経節細胞の数を数える」というところである。網膜を顕微鏡でよく観察し、写真を撮って細胞を数える。コンピュータを使って自動で計測することもできるのだが、細胞の染まり具合や形にばらつきがあったり、一部重なっていたりで、どうしても不正確になる。結局は、人間の目で見てチェックする過程が必要である。

神経節細胞というのは、当然だがたくさんある。多いところでは1ミリメートル四方あたり5万個以上ある。他の種類の神経細胞も染まっているので、形や濃さを頼りに、神経節細胞だけを数えていく（口絵4）。これを網膜の数百ヶ所で行う。もちろん、たくさんの網膜からデータを得ねばならない。

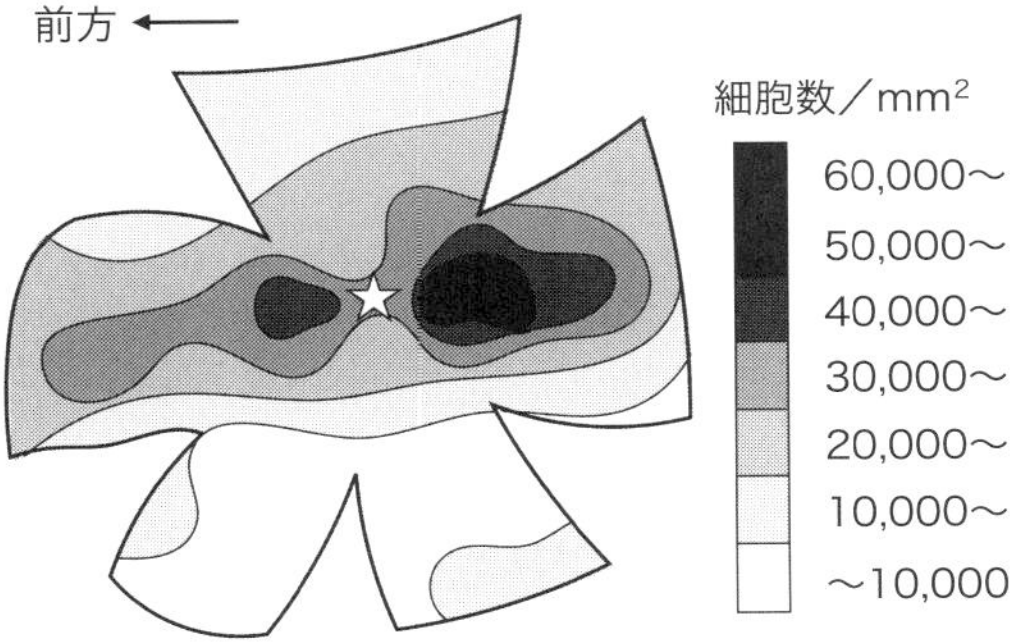

図7－5　トビハゼの網膜神経節細胞の密度分布図。星印は視神経が網膜から出ていく部位を示す。

「顕微鏡から目を離しても、水玉模様が消えないんですが」とT君。

「それは残像だ。惑わされてはいけない」とわたし。

「小さな丸いものが並んでいるのを見ると、なんでもついつい数を数えてしまうんですが」とT君。

「それは、実験技術を確実に体得したということだから、喜ばしいことなのだ」とわたし。

どうにか必要なだけのデータを揃え、網膜神経節細胞の密度分布図を作成した（図7－5）。T君の喜びもひとしおである。

さてこれで何がわかるのか。神経節細胞は網膜の中心よりもやや後ろで密度が最大だった。この部分とレンズの中心を結んだラインの延長線上に対象物がある時、最もよく見える。この結果は、行動観察から予想された通りである。

密度分布図をみると、網膜中心の少し前方に、もうひとつの神経節細胞の密度ピークがある。つまり、眼が正面を向いている時、斜め後方もよく見えているということになる。

前方にひとつ、後方にひとつ、ふたつの方向が同時によく見えているというのはどのような感じなのだろう。想像できますか。

密度分布図をさらによくみると、網膜中心を通る水平面上で、神経節細胞の密度が高い領域が帯状にのびている。

つまり、トビハゼは、前方のエサを注視しつつ、斜め後方にもちょっと注目し、かつ水平面上（つまり干潟の地平線）を見渡しているということだ（Takiyama et al., 2016）。

干潟をのんきに這い回っているようにみえるが、実はトビハゼは各方面に気を配っているのだ。エサはどこにいるか、渉禽《しょうきん》*6は忍び寄ってこないか、後ろにライバルはいないか、などなど。

網膜の神経節細胞の密度分布は、いろいろな動物で調べられていて、その生態の解明に役立っている。神経節細胞ではなく、光を受け取る視細胞の密度を調べている例もあるが、両者の結果は、基本的に似通っている。

ウサギやハイエナなど平原で生活する動物や、砂底のひろがる海に生息するサカナなどでは、網膜神経節細胞の高密度領域が水平のスジ状になっている例が知られている。生息環境に合わせて、地平面（水平面）上を広く見渡し、捕食者やエサの早期発見に努めているのだろう。

いろいろな動物の網膜の細胞密度分布地図がデータベース化されている（http://www.retinalmaps.com.au　英語のみ）。興味のある読者は訪ねてみてはいかが。

同じ風景を見ても、サカナとわたしたちの見方はだいぶ違っているだろう。単純に視野が広いとかの話ではないし、サカナの種類によっても全く異なっている。

どこを、どのように見ているかが違えば、当然ながら、世界をどのように捉えているかも変わってくる。そんなことを想像する糸口として、視覚の研究は面白いのである。

＊1　**定量的**：客観的な計測に基づき、数値を用いて対象の性質を表すこと。「定量的」に対する言葉は「定性的」。

＊2　**レッドリスト**：本来は、国際自然保護連合が作成した、絶滅のおそれのある野生生物のリストを指す。世界各国・地域でも独自のリストが作成されていて、日本では、環境省や各自治体が作成・公表している。

＊3　**黄斑部**：人の網膜の中心付近に位置し、最も詳細に像を捉える部分。

＊4　**空間解像度**：空間分解能ともいう。対象を見分ける能力のこと。たとえば、それぞれ別の点として識別できる二点間の距離が小さいほど、解像度が高いという。

＊5　**中心窩**：黄斑部の中心で、最も高詳細に光情報を捉える部分。

＊6　**渉禽**：サギやチドリなど、干潟や湿原を歩き回ってエサを捕食する鳥。

＊口絵3の写真の解答……①ブラックゴースト、②トビハゼ、③タチウオ、④アナハゼ、⑤メダカ、⑥ショウサイフグ、⑦ウミタナゴ、⑧マアジ。2つわかれば大したもの。3つわかればお見事。5つ以上わかったら目玉名人。

8 眼を見て誰かを当てるの術

アカオビシマハゼ

キンギョを見分ける法

前の章に引き続き、眼の話題をもうひとつ。

わたしたちが研究に使っているキンギョは、「フナ尾のワキン」という品種である。ひらひらしていないふつうの尾ビレをもつワキンで、体形はフナとそっくりである。キンギョはいろいろな研究に使われているが、たいていがこのタイプだ。

行動実験を行う場合、個体ごとにキンギョを区別する必要がある。少数を短期間だけ実験に使うのであれば、小さな水槽に一尾ずつ収容しておけばよい。しかし、何十尾ものキンギョを1ヶ月以上もの間隔をおいて実験に使うような場合、手間も大変だし、スペースや器具の問題もある。

たとえば、第1回目の行動観察が終わったキンギョを、まとめてひとつの大きな水槽に入れておく。かなりの日数がたったあとで、この水槽からキンギョを取り出して第2回目の観察を行う。この時、1回目と2回目の観察結果を個体ごとに照らし合わせることができれば便利である。

2、3尾ならいざしらず、数十尾のキンギョを見分けるのは、かなり難しい。それに加えて、研究の目的上、わざわざサイズと形の揃ったキンギョを集めてある。

「どうしたものか……」と毎日キンギョを眺めて思案していた。

1ヶ月ぐらい眺めていただろうか（もちろん1日中ではない。わたしもそんなにヒマではないのだ）。

「ん？　なんだか1尾ずつ目つきが違うような気がするぞ」

はっきりとどこが違うとは言えないのだが、何となく違う。そこで、数尾のキンギョを水槽からすくって、眼をアップで撮影して比べてみた。

すると、虹彩（7章の図7-2参照）の部分に何本かのスジが入っていて、このスジの入り方が1尾ずつ違っている。このせいで、何となく目つきが違っているように見えたのだ。スジの入り方は右眼と左眼でも違っている（口絵5）。

「もしかして、これは使えるかもしれない」

図８－１　キンギョの集団飼育。

数ヶ月かけて予備検討をしたところ、かなり見込みがありそうだ。これは、本格的に取り組む価値がある。

研究室に入ったばかりの卒論生のT君（トビハゼ研究のT君ではない）に、白羽の矢が立った。

「T君、キミが取り組む卒論研究は、多くの後輩たちに感謝されるものとなるだろう」

「何をすればよいのか、よくわからないんですが」

「うむ、キンギョの眼の写真を撮る。しばらく飼育する。もう一度写真を撮る。眼のスジを手がかりにして、1尾ずつ区別できることを確認する。以上だ」

「簡単そうですね」

もちろん、理屈は簡単だ。

まず、10尾のキンギョの眼を写真撮影した後、個別飼育し、1ヶ月の期間をおいて2回目の写真を撮った。写真を元に、眼の外観やスジの位置をトレースする。1回目と2回目のトレースから、同じ個体と思われるものの組み合わせを作る。そして、答え合わせをする。

写真を撮り、トレースするのはT君である。得られたトレースは、わたしがシャッフルしてしまう。つまり、T君はどのトレースがどのキンギョから得られたかがわからなくなる。思い込みやひいき目が影響しないようにするための、一種の盲検化[*1]だ。もちろん、わたしだけに正解がわかるようにマークを付けておく。

厳密には、トレース作業をしていない別の人が1、2回目のトレースの組み合わせを作成するのが理想である。ただ、トレースした模様は基本的には似たパターンなので、個体ごとに細かく記憶しておくのはT君にも不可能だろうし、問題ないだろう。

結果として、T君がつくった組み合わせは、すべて正しいペアであった。つまり、眼の模様をもとにして、10尾の個体識別が可能であるということだ。

これに気を良くして、さらに長期間を経てもこの特徴が安定して使えるかどうかを調べることにした。

引き続き個別飼育を行い、４ヶ月後に3回目の写真を撮った（1個体は飼育途中で死んでしまったので、９個体分）。

このあたりで、Ｔ君は時間切れ（つまり卒業）である。それまでの結果を卒論にまとめた。

このまとめの段階に入って、Ｔ君がふとつぶやいた。

「わたしの研究って、何か意味があるんですか」

多くの卒論生が、この疑問にぶつかる。研究を始める時は、指導教員（わたしだ）とディスカッションして、その意義をおおむね理解してとりかかる。ところが、本格的に実験・観察に取り組むようになると、それに忙殺されて、研究の意義や価値などに無頓着になってしまうのだ。そして、卒論をまとめる段階になってふと思うのだ、「わたしの研究の意義ってなんだったっけ」。

わたしは、ゼミや、日頃の雑談を通じて、研究の意義について学生の理解が深まるよう気をつけている。しかしこれが全く十分ではないということだ。

学生も、就職活動やらで、かなりの期間（長い時は半年以上も！）頭から研究のことが離れてしまう。研究に復帰したら、やるべきことが溜まっていて、広い視点から自分の研究を眺める余裕もなくなるのだろう。

大学院生になると、主体性も増し、状況はだいぶ改善される。学部の卒業研究と大学院研究の違いは、こういうところにも表れる。

「キミの研究は、すごく役に立つし、独創的だ。なぜなら云々……」

と、熱く語った。

「そういえばそうでしたね」

「そうだ。あとはわたしが引き継ぐから、心おきなく卒業してくれたまえ」

わたしはT君の研究を引き継ぎ、写真をトレースし、シャッフルし、1回目のトレースと組み合わせ作業を行った。今回のシャッフルは、わたしの家族にやってもらった。

答え合わせの結果は、全問正解。1回目の撮影と3回目の撮影とで得たトレースの組み合わせはすべて正しく、9個体を識別することができた。

4ヶ月もの間をおいて、サカナが成長しても、このスジの形はほとんど変わらないのだ。4ヶ月の間に、体長は平均12%、体重は平均82%も（2倍ちかい）増加していた。

そもそも、このスジはなんなのか。

キンギョと近縁のギンブナの眼を観察した。数センチメートルほどの小さな個体では、同じようなスジが確認できた。しかし、やや大きな個体となると、不明瞭になってしまう（口絵6）。キンギョなら、かなり大きくてもはっきりわかる。メダカも調べたが、このスジは見えなかった。

そこで、このスジに狙いを定めて組織観察を行った。

キンギョの眼の虹彩の一部を切り出し、ちょうどスジの入っているところの断面を、厚さ5マイクロメートルほどの切片にする。これを染色して顕微鏡で観察する。

すると、このスジは比較的太い血管の走行と一致していることがわかった。

虹彩は層構造をしている。外側にキラキラしたグアニン結晶[*2]の層、その内側に、黒い色素をもつ色素細胞の層がある。血管はその間を走行している。血管の部分はグアニンの層が薄いので、下の色素細胞層が透けて見える。よって、太めの血管が通っている部分が黒いスジとなって外から見えるわけだ（口絵7）。

人間でも、血管の走行パターンは長期間ほとんど変化しないことが知られている。ふつうに使われている現金自動預け払い機（ＡＴＭ）にも、手のひらや指の静脈パターンを元に個人認証するしくみが備わっている機種がある。みなさんの身近にもあるはずだ。

さらには、人間の眼の虹彩がもつ模様によって個人認証を行う、虹彩認証という技術も開発されている。ただしこちらの場合は、血管ではなくて細かいシワのパターンをてがかりにしている。しかも、かなり高度でややこしい特徴抽出を行っているらしい。

画期的な方法ができてしまった

はっきり言って、わたしたちが開発したキンギョ識別方法はとてもローテクである。わたしはローテクが大好きなのだが、科学者なので、同じことを別の方向からも確認したい。

そこで、新たに20尾のキンギョを用意し、眼の写真を撮って、それぞれの個体から腹ビレか尻ビレを少し切り取って保存した。ＤＮＡを抽出するためである。ここまでは、Ｔ君が卒業前にやってくれていた。キンギョ20尾はまとめて大きな水槽に入れ、しばらく飼育した。

１ヶ月飼育するあいだに、体長は平均５％、体重は平均25％も増加した。ヒレはすっかり再生しており、どこを切ったのかわからない個体もいる。

ふたたび眼の写真を撮り、麻酔をかけてヒレを少し切り取った。

例によって、眼のスジを目印にして、１回目と１ヶ月後の２回目のキンギョを照らし合わせ、20尾の個体を識別した。簡単だ。

切り取ったヒレは、隣のハイテクな研究室にお願いして、DNAの塩基配列を元に個体識別をしてもらった。

DNAの特定の部分の配列には、個体ごとにいろいろな変異がある。20尾分のヒレの切れ端からDNAを抽出し、この部分配列を読み取る。これを2回分（最初と1ヶ月後）行い、両者が一致すれば、それは同一個体から得られたサンプルであるとわかる。

この方法で、1回目と2回目のサンプルを照合して20尾を識別した。すると、眼の模様をもとにして得た結果と完全に一致した。

わたしたちが開発した方法には、アイ・マーク法という名前をつけることにした（Yoshida et al., 2013）。

何百尾ものキンギョとなると、さすがに自動で特徴抽出を行うような手立てを考えなければならないだろう。しかし行動観察実験に使う程度の数なら、アイ・マーク法は十分に実用的である。なんと言っても、サカナに傷をつける必要がない。

サカナの個体識別では、何らかの形で魚体に傷をつけることが多い。ヒレの一部を切るとか、色のついた樹脂を皮膚に埋め込むとか。体表に複雑な模様のあるサカナなら、そのパターンで識別するという手もあるが、キンギョでは難しい。

最近では、ＩＣタグが小型化され、これを体に埋め込むことで、かなり小さな、かつ多数のサカナの個体識別ができるようになった。タグを埋め込んで十分な時間をおけば、行動への影響はほぼないといえるだろう。しかし問題はコストである。よほど規模の大きな研究でなければ、現実的ではない。

昨今は、いろいろな高度先端技術が話題になっている。大学で研究していると、そのような華やかな研究をしなければ、存在価値が無いような気分になってしまうこともある。けれども、生き物は、小さくても面白い発見に満ちている。その一つひとつを学生とともに探究し、積み重ねていくことも、大学の重要な役割である。そんなことを思い出させる研究であった。

みなさんの中で、複数のキンギョを飼っている方がおられたら、その眼をよく見てみてはいかがでしょう。1尾ずつ、少しずつ違ったアイ・マークが見えるはず。

＊1　**盲検化**：解析結果に先入観が影響しないようにするため、データがどのグループに属するかがわからないようにすること。

＊2　**グアニン結晶**：グアニンの結晶は光を反射して銀色に光る。サカナの体の銀色に光っている部分に多い。タチウオなどで顕著。

9　サカナいろいろ、脳いろいろ

エレファントノーズフィッシュ

脳にはロマンがつまってる

わたしは脳が好きだ。その不思議な形。ものすごい勢いで渦巻く情報の怒濤が聞こえるようだ。人間であれ、サカナであれ、その中には個人（個魚）の歴史と思いと計画が密かにしまい込まれているのだ。

想像するだけでうっとりして、視線が遥か彼方をさまよってしまうではないか。

脳みそのシワが多いほど賢いのだ、などという話をよく聞く。たしかに、人間の脳（大脳と小脳）にはシワがたくさんある。それと比べて、ネズミなんかの脳（特に大脳）にはシワが少ない。

それじゃサカナなら脳みそツルツルでしょうね。ということになりそうなのだが、あとで紹介するように必ずしもそうではない。

たしかに、多くのサカナの脳にはシワがほとんどなくて、ツルンとしている。たとえばキンギョの脳（口絵8）。

そもそも、どうしてシワがあるかというと、表面積をかせぐため。大脳皮質（哺乳類の場合）や小脳は、何種類かのニューロンが層状に積み重なった構造をしている。層の出来方はデタラメではなくて、ちゃんとお互いの連絡の仕方が決まっている。だから、よりたくさんの情報処理をしようと思ったら、体積を大きくするのではなく、横方向に広がっていかざるを得ない。つまり、表面積を大きくする必要がある。当然ながら、頭の容積には限りがある。できるだけ大きなシート状の二次元構造物をしまい込むには、これを折りたたんで、三次元空間に押し込めるのがよい。

哺乳類の大脳には多かれ少なかれシワがあって、大脳皮質の面積をかせいでいるわけだが、鳥とかサカナの大脳にはほとんどシワがない。

哺乳類の大脳（皮質）の場合には、前に述べたように層構造をもつシートになっているので、これが大きくなると折りたたまってシワができる。鳥の大脳は、層構造ではない方法でニューロン回路を発達させ、しかもニューロン密度を高くすることで対応している。大脳のニューロン回路を発達させる戦略が違うわけです。

サカナの脳にも哺乳類の大脳皮質に相当する部分があるが、他の部分と比べてかなり小さく、層構造でもない。皮質以外の部分がほとんどを占めるため、全体的にのっぺりとしている。

サカナの終脳（大脳）にも、くぼみや出っ張りはあるが、これは終脳を構成するいくつかの領域の境や、それらの発達具合の違いが外見に表れているのである。


人間でもそうだが、サカナも、大脳よりも小脳のほうがシワが細かくてたくさんある。アフリカに棲んでいるエレファントノーズフィッシュの小脳なんて、すごくシワシワ。この仲間は、体から電気を出して電場を作り、その乱れ具合で周囲を〝見〟たり、体から出す電気のパルスを変化させてコミュニケーションにも使っている。この処理に使われるのが小脳である。極端に発達しているので、折りたたまないと頭の中に収まらないわけです。

そんな特別なサカナじゃなくても、発達したシワのある小脳をもっているサカナもいる。たとえばブリの仲間のヒラマサとか、意外なところでアカエイなんかもシワシワの小脳をもっている（口絵9）。こんなに発達した小脳を、一体何に使っているのだろうか。

得意技が脳の形を作る

さて、本題のサカナの生活と、脳の形の関係の話をしよう。

サカナは、その種類に応じていろいろな生活のしかたがあり、異なる感覚を発達させている。サバは目が良い（視覚が発達）とか、ウナギは鼻が良い（嗅覚が発達）とか。運動機能にも違いがある。カレイのように、あまり活発に泳ぎ回らないサカナもいれば、カジキのように高速で獲物を追いかけるヤツもいる。

これらの特徴は、脳の形に反映される。もちろん、大脳、中脳、間脳、小脳、延髄、などの大まかな区分は、他の脊椎動物と同じである。もう少し細かく分けると、脳の外観からだけでも、面白いことがわかってくるのだ。

簡単に見分けられる領域を脳の前方（正確には吻側《ふんそく》という）から並べてみると、

①嗅球：匂いの受容器からの情報を処理する。嗅覚が優れたサカナで大きい。

②終脳：いろいろな情報が処理される場所。複雑な空間環境（磯など）に棲むサカナで大きい。哺乳類の大脳にあたる。

③視蓋《しがい》：中脳の一部。眼からの情報がやってくる部分。視覚が優れたサカナで大きい。

④小脳：高速で活発に遊泳するサカナで大きい。

⑤内耳・側線葉：平衡感覚や側線感覚（水の振動の感覚）が発達したサカナで大きい。

これらの領域の、脳全体の中での相対的な大きさをみると、そのサカナは何が得意かが大雑把にわかる。

口絵10の図は、マサバ、ハモ、タチウオ、カサゴ、キンギョの脳を背中側から見た模式図である。サカナの生活を推測するうえで参考になる領域を色分けしてある。先に示した項目①〜⑤を参照しながらこの図を見てほしい。

まず、マサバの脳を見てみよう。視蓋が大きく、これに覆いかぶさるように小脳が発達している。高速で遊泳し、視覚を使ってエサを捕らえるような生活をしているのだろう。体も紡錘形をしていて、いかにも泳ぎが得意そうだ（御存じの通り、とても得意です）。

これに対して、ハモの脳は視蓋と小脳が小さい。その一方で、他の魚種と比べても嗅球が極端に大きく、脳に占める割合も大きい。夜間や見通しの悪い水の中で、匂いに頼ってエサを探す様子が想像できる。ウナギの仲間の多くはこのようなタイプの脳で、優れた嗅覚をもっている。

ハモの顔を見ると、鼻の穴の位置がちょっと変わっている。サカナの鼻には、入口と出口があって、水が流れるようになっている。一見、左右に1つずつしか穴がないように見えても、よく見るとそれぞれが前後に分かれている。ハモの場合、前後の鼻の穴（つまり入口と出口）が極端に離れていて、じっくりと匂いがかげるようになっているのだ。

次に、タチウオの脳を見てみよう。タチウオもハモみたいにひょろ長い体をしているが、生活はかなり違っていて、脳の形もだいぶ違う。タチウオも夜行性だが、視蓋が大きく、どちらかと言うと視覚を使ってエサを捕らえているようだ。

タチウオの脳の特徴は、内耳・側線葉（延髄の一部）という、平衡感覚や側線感覚を司《つかさど》る部分が目立つことである。タチウオは、水中で頭を上に向けて、立ち泳ぎをするような姿勢をしている（タチウオという名前の由来のひとつ）。そのため優れた平衡感覚が必要なのかもしれない。このような姿勢で、上方に目を凝らし、エサになるサカナが出す振動に〝耳を澄まして〟いるのだろうか。

カサゴのような根魚[*1]や、磯をすみかとしているサカナは、大きな終脳をもっていることが多い、特に横方向への張り出し（外側部）が目立っている。この部分は、哺乳類の大脳の海馬という部分に相当するのではないかと言われている。

海馬は、記憶を作る場所として有名だが、空間情報の処理にも重要な役割をもっている。哺乳類の海馬には、空間認識のために重要なニューロン（場所細胞）がある。これを発見したジョン・オキーフ博士は、マイブリット・モーセル博士、エドヴァルド・モーセル博士とともに、2014年のノーベル医学生理学賞を受賞している。

アルツハイマー型の認知症が進行すると、道順や自分の居場所が把握しにくくなることが知られている。これには海馬の萎縮が関係しているのだ。

磯や岩礁に棲むサカナは、「この岩の向こうには何があって……」とか、「この穴の深さはどれぐらいで……」とかが、しっかり頭に入っているに違いない。

キンギョの脳は一風変わっている。延髄の一部の迷走葉という部分がすごく大きい。ここは、口の中から得られる味覚情報が集まる場所である。わざわざ「口の中」と書いたのは、唇やヒゲなど、口の外にも味覚を感じる感覚器（味蕾《みらい》という）があるからである。

ちなみにナマズでは、体中に味覚器がちりばめられている。体中で味がわかるって、一体どんな気分だろう。

キンギョは、水底の砂利なんかを口に入れて、モグモグやっている。それからペッと吐き出す。この時、口の奥のほうでエサと砂利を選別して、エサだけ飲み込んでいる。鋭い味覚を使って、わずかな食べ物も逃さないというわけ。実に器用だ。

コイも似たようなことをしているので、脳の形が似ている。コイの場合、迷走葉に加えて、ヒゲからの味覚情報が集まる顔面葉（これも延髄の一部）も発達している。

というわけで、脳の形を見れば、そのサカナが何が得意で、どんな生活をしているかがだいたい想像できる。

わざわざ脳を取り出して見なくたって、サカナの体を見ればわかるじゃないかと言われるかもしれない。もちろん、体やヒレの形、眼や鼻の具合なんかを見ればかなりのことがわかる。でも、脳を見ると、よりサカナの気持ちに近づけたり、別の角度からサカナの生活に思いを馳せることができるのだ。

そんな理由から、わたしの研究室ではいろんなサカナの脳コレクションを作っている。

写真では立体的な様子がわかりにくい。かといって、ホルマリン漬けでは、ビンの外から見るだけである。手にとって、じっくりと眺めてみたい。

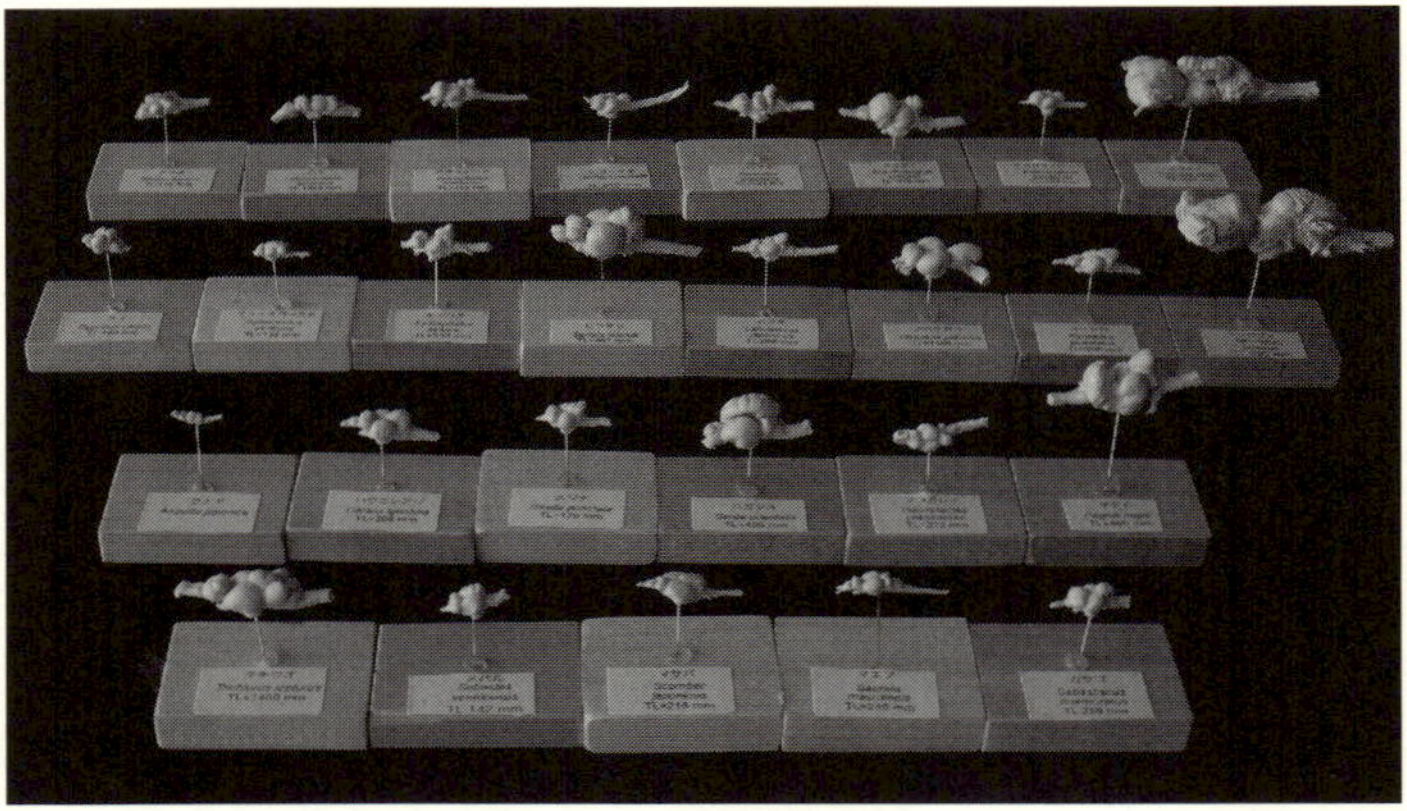

図９－１　プラスチックを浸透させて固めた、いろいろなサカナの実物脳標本コレクション。

そこで、脳に液状のプラスチックを染み込ませ、これを固めることで、実物脳のさわれる標本を作ることにした（図９－１）。生きた状態とは色や硬さがだいぶ違っているのが難点だが、何といっても手にとって見ることができる。匂いはない。

このプラスチック脳標本を手にとって眺めていると、だんだんそのサカナの心に入り込んでいくような錯覚を覚える。

海の中を散策して、よく知っているあの岩陰に獲物が潜んでいるのを想像するのだ。あるいは、遠くにかすかな魚影を発見して、ダッシュで捕えるのだ。

これらのプラスチック標本は、すべて実物だというのが良いところなのだが、数が限られているうえに、いかんせん小さい。もっと大きく見せられないか。

最近は、いろいろな3D画像作成ソフトが手に入る。これを使って、脳の3D画像を作成できないだろうか、と考えた。

結論から申せば、挫折した。

ソフト（もちろんフリーウェア）を配布しているウェブサイトには、「初めてのあなたでも簡単に3D画像が作れちゃいます！」というようなことが書いてある。けれども、脳の複雑な形状は、初めてのわたしでは簡単に作れちゃったりしなかった。

涙をのんでハイテクを導入

そういうことなら、ローテクな研究室の根性を見せてやろうではないか。粘土だ。脳の標本を見ながら、これを粘土でコピーするのだ。ほぼ毎日、夕食後の15分ずつ、粘土工作である。作るのは、キンギョとサバとメジナの脳だ。それぞれ特徴的な形をしている。

最初に作ったメジナの脳はかなり苦労した。しかし、サバ、キンギョとすすめるうちに、コツのようなものがつかめてきた。脳の基本的な形を、手のひらや指先が覚えたようだ。

こうして巨大（実物と比べればだが）な魚脳が出来上がった（図9－2）。粘土の脳は、実

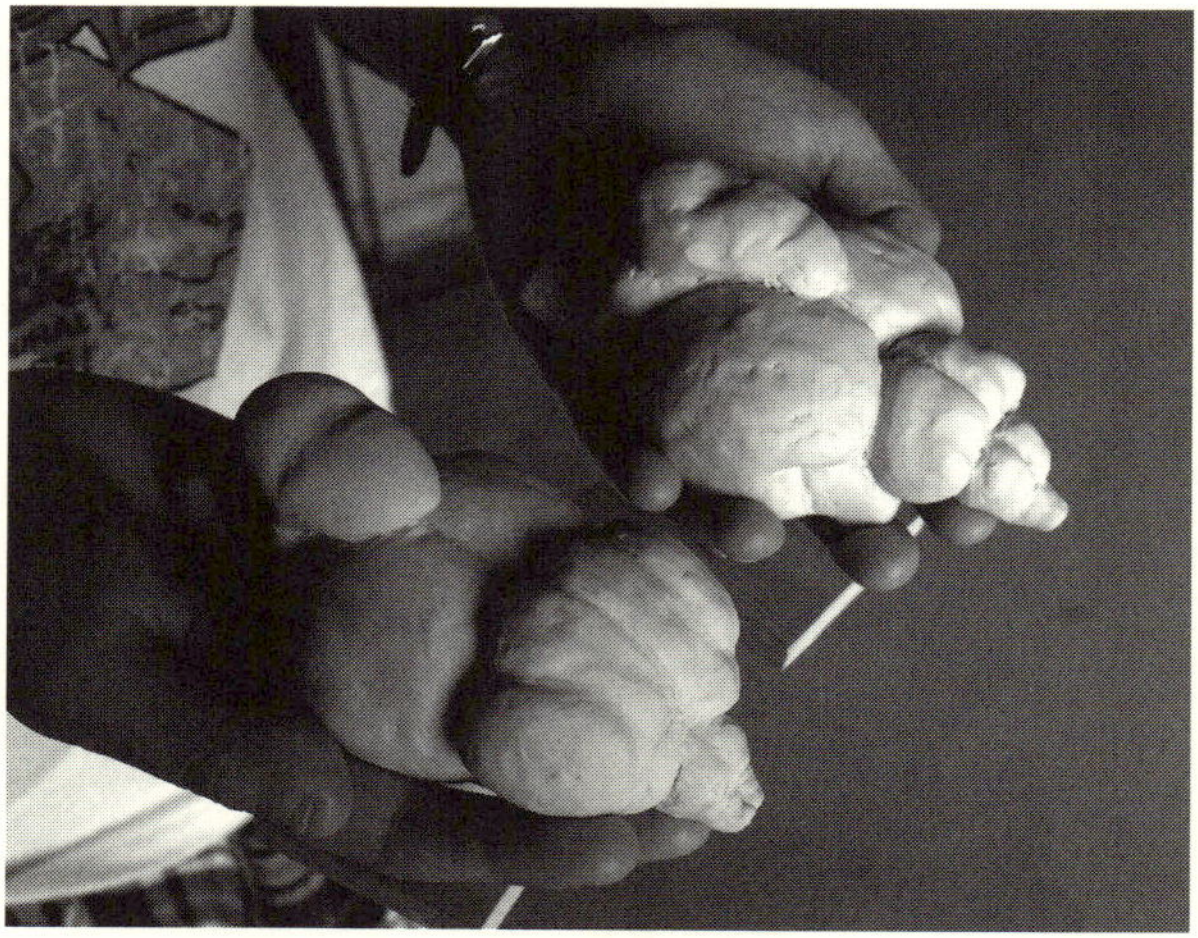

図9－2　粘土で再現したメジナの脳（手前）とサバの脳（奥）。

物の相似形になるように、プロポーションを注意深く再現してある。これをいろんな角度から撮影し、合成して、パソコン上でぐるぐる回転させられるようなグラフィックも作った。しかしあまりにも手間がかかる。作った粘土細工を保存しておくのも大変だ。

やはり、最新のハイテクを導入すべき時が来たか。

3Dスキャンという技術がある。立体物をスキャンして、パソコンで3D画像として取り込む。3Dプリンタを使えば、任意の縮尺で、立体物としても再現できる。広島にも、高い精度で3Dスキャンをしてくれる業者があると聞いた。早速、脳の標本をもち込んで、スキャンの

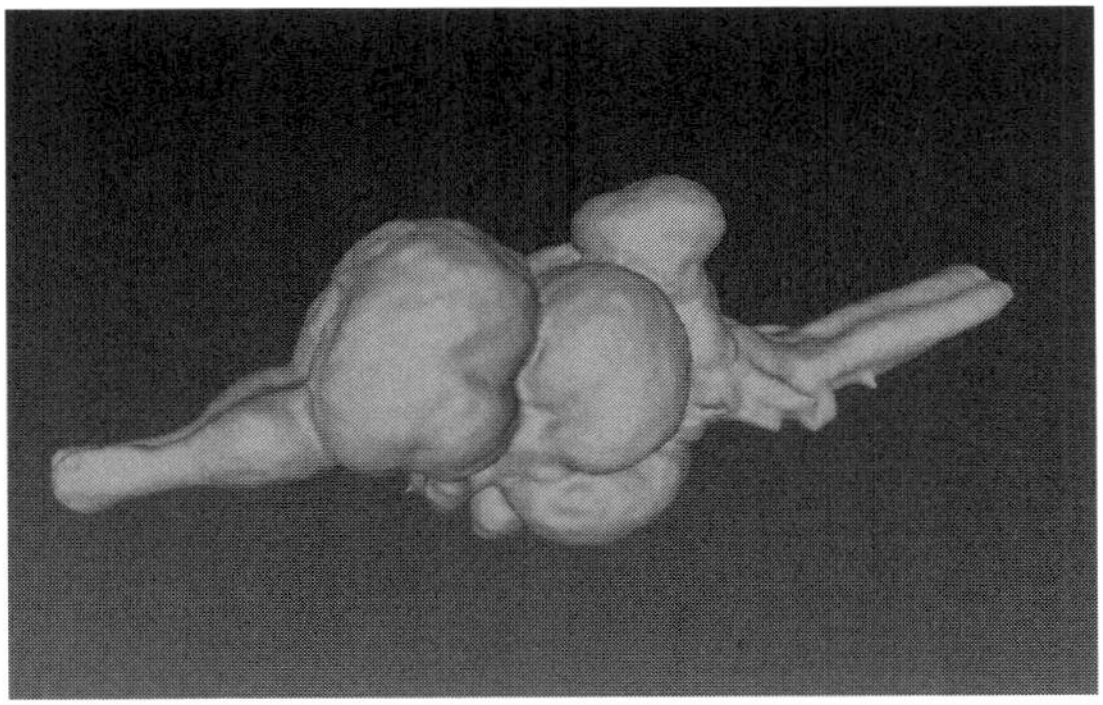

図９－３　スキャンデータを使った、クロダイの脳の３Ｄ画像。左前方から見たところ。

可能性について検討してもらった。

担当のＦさんは、

「サカナの脳みそですか、小さいですね。まあ、やってみましょう」と言って、奇妙なもち込みを迷惑がることもなく、快く引き受けてくれた。

しばらくいろいろと試した後、

「難しいですね。うまくいきません。でも、ソフトをバージョンアップして、設定をやり直せば、なんとかなるかもしれません。しばらく預からせてください」

と言って、〝脳みそ（タチウオ）〟と書いた預り証を渡してくれた。技術者魂に火をつけてしまったようだ。

１週間ほどして、スキャンデータが送られてきた。かなりいい感じである。これなら、脳の形の特徴を大人数で見ることができる。拡大・縮小・回転も簡単なので、新たな発見もあるかもしれない。

3Dプリントして、レプリカを作れば、いろいろな場面で役に立つ。キーホルダーだって作れる。

現在、3Dスキャン技術をさらに向上させ、様々なサカナの脳標本をスキャンする準備をしていただいている（図9-3はクロダイの脳の3D画像）。スキャンに適した脳標本の作り方も、まだまだ改善できるはずだ。近い将来、3D画像や脳の写真を合わせてデータベースにして、インターネット上で公開する予定である。乞うご期待。

＊1　根魚：岩礁や海草などの「根」に付いているサカナ。アイナメやメバルなどもこの仲間。

10 ハゼもワクワクするか

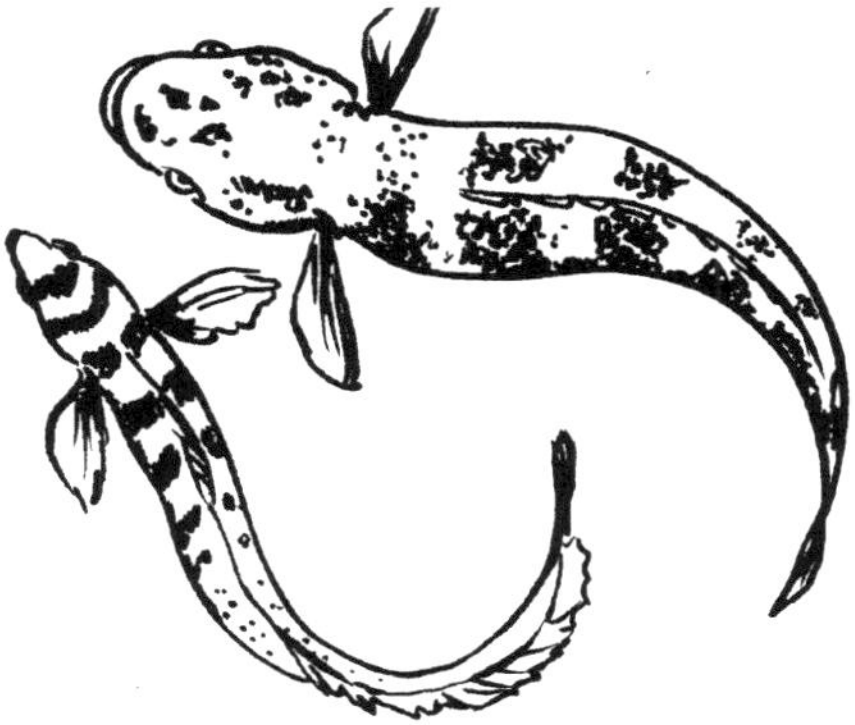

ナベカとアゴハゼ

サカナの空間認知力

サカナは、どこに何があるかを覚えている。自分がどこにいるかもわかっている。身のまわりの空間について学習し、その情報を記憶しているのだ。

サカナが利用できる情報は様々である。岩などの目印はもちろん、水温や流れ、匂いなど、いろいろな手がかりが使われる。

メバルの仲間（Yellowtail rockfish）は、捕まえた場所から20キロメートル以上離れた場所で放流しても、元の場所に帰ってくることが知られている（Carlson and Haight, 1972）。アマミスズメダイは、いくつかの決まったエサ場を訪問し、エサ場間は速やかに移動する（Noda et al., 1994）。

これらと同じような研究結果が多数の魚種で報告されている。

空間を把握する能力について精密にテストする時には、迷路を使う。迷路と言っても、新聞の土曜版に載っているような、複雑なものである必要はない。

迷路のゴールに行き着くための方法は2つある。

1つ目は、目印を使う。色とか置かれている物とかを頼りにして進む。

2つ目は、周囲の空間全体を把握しておいて、その中での自分の位置がわかっていれば、どの方向に進めばよいかがわかる。

サカナは、このどちらの方法を使ってもゴールにたどり着ける。


Lópezら（2000）は、キンギョを単純な迷路でトレーニングした。この迷路では、ゴールを示す目印が迷路内に示してある。また、実験室にはいろいろなもの（棚とかパソコンとか）が置かれてあり、キンギョはこの「風景」も手がかりとして利用できた。

トレーニングの後、迷路を90度回転させて、これをカーテンで囲み、風景が見えないようにした。この状態でテストすると、キンギョは目印のみを頼りにしてゴールに到達できた。次に、迷路内の目印とカーテンを取り除き、テストをした。すると、キンギョはトレーニングの時に正解だった方向に進んだ。つまり、風景の中で自分がいる場所の情報をもとにして方向を選択したのだ。

その後の研究（Rodríguez et al., 2002）で、自分はどこにいるのかという空間認知には、終脳の外側部が重要な役割を担っていることが明らかになった。この部分は、前の章でも紹介したように、哺乳類の海馬に相当する部分であると考えられている。キンギョにおいて、この終脳外側部を切除すると、場所情報をもとにした迷路課題ができなくなる。一方、目印を手がかりとして迷路を解くことは可能である。他のサカナにも、おそらく同様の空間認知のしくみがあるだろう。

クモハゼの仲間に、フリルフィン・ゴビー（Frillfin goby）というすごいやつがいる。このハゼは大西洋岸の潮間帯[*1]に棲んでいて、干潮時には潮溜まり（タイドプール）[*2]に潜んでいる。ここで、追いかけられるなどの危険な事態に遭遇すると、隣の潮溜まりにジャンプするのだ。さらに隣の潮溜まりに……という具合に続けざまにジャンプして、ついには開けた海まで逃げることもできる。

命がけである。一歩間違えば、水のない岩の上に着地してしまう。

当然ながら、潮溜まりの中から、隣の潮溜まりは見えない。つまり、どの方向にどれぐらいジャンプすれば隣の潮溜まりに着水できるかを知っているのだ。

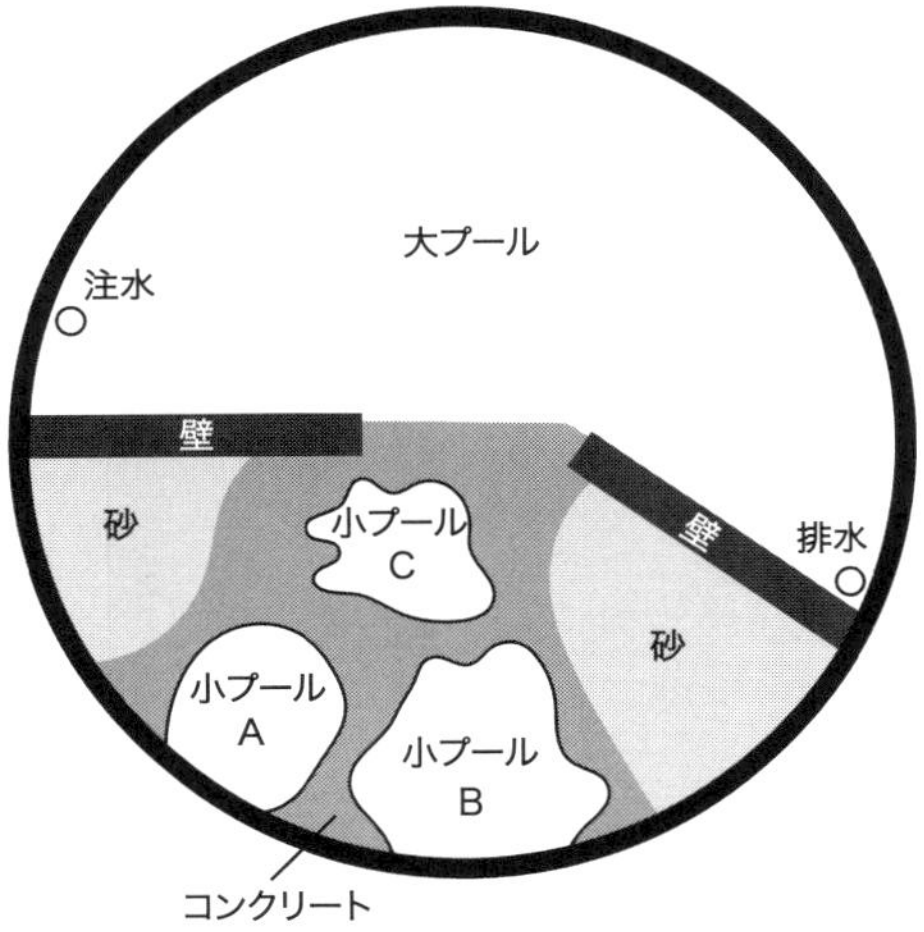

図 10 − 1　フリルフィン・ゴビーの潮溜まり間ジャンプの実験に用いた人工潮間帯の模式図。直径は約 3.6 メートル（Aronson, 1971 を改変）。

アメリカの研究者アーロンソンは、この能力を詳しく調べるべく、人工の潮間帯を作って実験した（Aronson, 1971）。

この人工潮間帯には、面積の約半分を占める大きなプールと、小さな3つのプールがある（図10－1）。人工潮間帯に水を満たす、つまり潮が満ちると、これら4つのプールはひとつながりになる。水を抜く（潮が引く）と、それぞれは孤立して、1つの大きなプールと3つの小さなプール（潮溜まり）ができる。

まず潮が引いた状態で、小さな潮溜まりにこのハゼを入れる。棒で追い回すと潮溜まりからジャンプする。そしてたいていは陸地に着地してしまう。

次に、一晩だけ満ち潮を経験させてから水を抜く。小さなプールにとどまったハゼを追い回すと、ちゃんと隣のプールに着水するようにジャンプした。さらには、他の小さなプールを経由して大プールに到達することもあった。

つまり、潮が満ちていた間にこの人工潮間帯を探索し、その地図を作って記憶していたのだ。驚くべき空間認知能力である。

潮間帯に棲むサカナの多くは、満ち潮時にあちこち動き回ってエサを探す生活をしている。干潮時には、海か適当な潮溜まりで、次の満ち潮を待つ。

だから、これらのサカナにとって、地形を学習して覚えておくことはとても重要なのだ。一歩間違えば、潮が引いた時に陸に取り残されて干上がってしまう。また、満ち潮時の限られた時間にエサを捕るには、効率的に移動する必要がある。

食いしん坊のアカオビシマハゼ

瀬戸内海の潮間帯で、このハゼと似たような生活をしているサカナにアカオビシマハゼがいる（図10－2）。大学から車で30分ほどの海岸にある潮溜まりで捕ってきて、しばらくペットとして飼うことにした。これがとにかく食いしん坊で、すごくよく食べる。刺身の切れ端など

図10－2　アカオビシマハゼ。

をやると大喜びである。

「このサカナは使える」

貪欲なサカナは、学習実験に使いやすい。エサの報酬がとても有効だからだ。

さきに書いたように、潮間帯のサカナは満ち潮時に索餌《さくじ》し、引き潮時に潮溜まりに潜む。だから、潮の満ち引きと場所の関係についての学習能力が高いだろう。

「潮が満ちてきたぞ。例の場所に行けばエサにありつけるぞ。ワクワク」と考えているはず。

そこで、アカオビシマハゼに、潮の満ち引きを手がかりとしてエサ報酬を得る学習課題を課すことにした。

これを卒論研究のテーマにしたK君（ピアノが得意なK君とは別の学生）の趣味はダイビングである。趣味のついでに、実験材料を捕ってくる。というよりも、実験動物を採集する、という名目で堂々とダイビングに出かけられる

図10－3　アカオビシマハゼの採集場所（K君のダイビングポイント）である、瀬戸内海のK島。干潮時（上）と満潮時（下）。

というわけ（図10－3）。

捕ってきたアカオビシマハゼは、実験室環境に慣らすためにしばらく飼育する。この間に実験装置を制作する。作成した実験装置は次のようなしくみになっている。

水槽の中に、レンガが2つ立ててある（図10－4左）。レンガの上面にはくぼみが作ってあり、ここにエサを入れておくことができる。水槽の中の水は、遠隔操作で増やしたり減らしたりできるようになっていて、潮の満ち引きが再現できる。サカナは、水位が上がった時にだけレンガの上に行ける。

水位の上げ下げ、つまり潮の満ち引きを1日に2回行う条件でしばらく飼育する。この間、エサ

図 10 － 4　左：実験水槽の中のアカオビシマハゼ。右：レンガに身を乗り上げようとするアカオビシマハゼ。きっと期待に心躍らせているに違いない。

図 10 － 5　学習行動の観察。ダンボールの向こうに実験水槽がある。水槽の映像をモニターに映し、リアルタイムで様々な行動（サカナの位置、エサを食べるタイミングなど）を記録表に書き込んでいく。K 君は、2 つの実験水槽を同時に観察する技能を身につけた。

は与えない。

次に、水位が上がる前に、レンガのくぼみにエサを置いておく。水位が上がってレンガが水没すると、おそらく匂いにつられてエサを探し始める。しばらくすると、レンガの上のエサを発見してこれを食べる。これを1日2回、朝と夕方に行う（図10－5）。

アカオビシマハゼは、この課題を驚くほど速く学習する（Yoshida et al., 2013）。

2日目にははやくも、水位が上がり始めると活動が活発になり、水面近くを泳ぐようになる。レンガはまだ水没しておらず、エサの匂いもしていないのにだ。水位が上がることで、レンガの上にあるエサ場に行けることを予期し、一刻も早く（でないと誰かに先を越されてしまうかもしれない）これにありつこうとしているのだ。すごくワクワクしているに違いない。

大胆な個体は、レンガが完全に水没する前に、この上に乗り上げて、つまり陸上に上がって、エサを捕る（図10－4右）。

アカオビシマハゼは、水位が上がる（潮が満ちる）と、「あの場所」にあるエサを得ることができることを学習したのだ。

こうして学習した課題は、よく覚えてもいる。4日間だけトレーニングして、その後1ヶ月間通常の飼育をする。この間、レンガを取り除いて、エサは水中に撒く。1ヶ月後に、レンガを戻して水位を上げると、すぐさま、トレーニング時に見られたような、報酬を予期した行動を開始する。

潮間帯に棲むアカオビシマハゼにとって、このような課題は「楽勝」なのである。本来もっている習性に応じて、意味のある課題が、サカナのパフォーマンスを引き出すのだ。

動物には、種に応じてそれぞれもって生まれた習性がある。この習性に関連した学習課題であれば、驚くほど高い能力を示すのである。

ネズミは匂いを手がかりにした学習能力がとても高い。ハトはキーをつつく行動が要求される課題が得意である。本来の習性を無視した学習課題は、トレーニングを積んでもなかなか習得できないものである。

もう一つ、サカナのパフォーマンスを引き出す重要な要素がある。日頃の飼育状態である。快適な飼育環境で、体力をつけ、ヒトに慣れたサカナは、学習やその他の行動で本来の能力を発揮してくれる。人間と同じだ。不快でヘトヘトでは、力を発揮できないし、勉強なんて無理だ。

サカナも含めて、動物を使った行動の研究は、動物を捕って（買って）きて、決まった手順で実験すればデータが取れるというものではない。まずは、「動物をベストの状態に保つ」ことが大切なのである。

そうすれば、この研究のアカオビシマハゼのように、考えていることの片鱗をわたしたちに教えてくれるのである。

＊1　**潮間帯**：満潮時に水没し、干潮時に露出するところ。生物の多様性が高く、観察していてとても面白い。

＊2　**潮溜まり（タイドプール）**：潮が引いた時に、岩のくぼみなどに海水が残ってできたプール。大小様々。

11 飼育は楽し

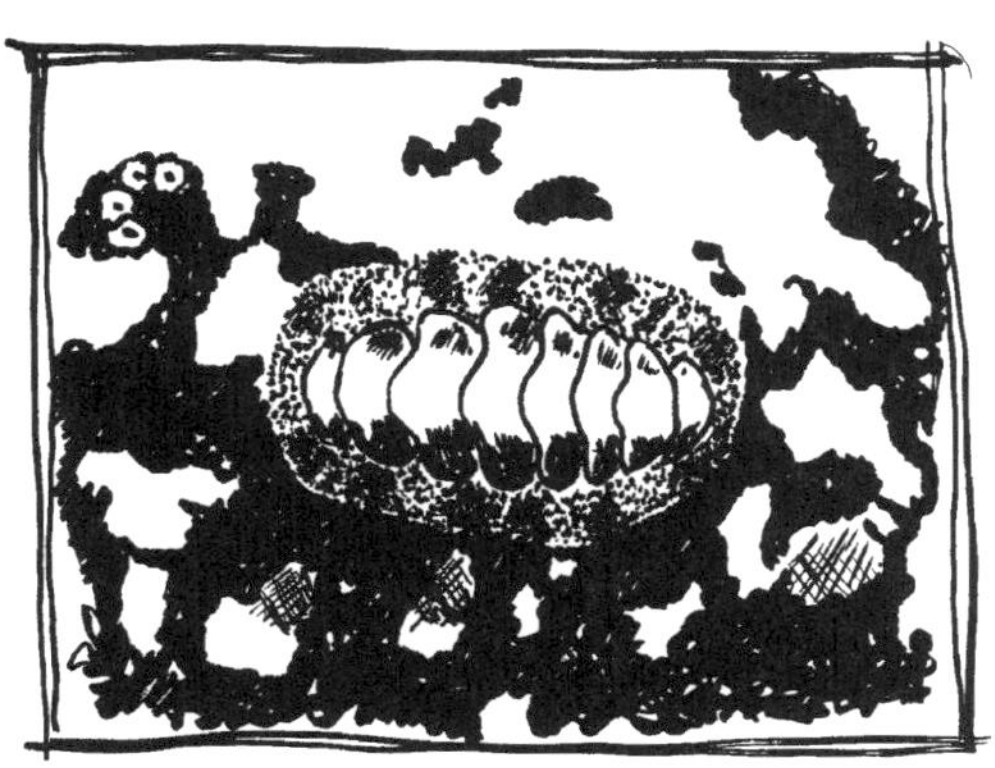

ヒザラガイ

先生、事件です！

これまでにも何度か書いてきたが、サカナを研究するうえで最も重要なのは、状態の良いサカナの確保である。だから、飼育と採集には細心の注意を払う。元来わたしは、いろいろな動物を捕ったり飼ったりするのが好きである。だから細心の注意と言っても、特別に神経質になったりはしない。

研究室に入ってくる学生には、サカナにかぎらず、動物の飼育全般が好きな者もいる。また、サカナには興味があるが、飼育が楽しいというわけではない学生も来る。

研究対象とするサカナの種類は、学生それぞれで違っていることが多い。だから、自分のサカナは自分で飼う。特に最近では、飼育当番のローテーションを組んで、自分の担当の時だけ世話をする、という状況はあまりない。飼育にどれだけ気を使ったかということが、研究に影響する。要は、ちゃんと飼わないと良いデータが取れず、実験が長引き、研究も進まない、ということ。

経験豊富、とは言えない人たちがサカナを飼うのだから、当然トラブルが発生する。

ある時、卒論生のM君が、キンギョの調子が悪いという。

「0・5%になるように、食塩を入れて様子を見なさい」と指示した。0・5%の塩水浴は、キンギョの病気治療の定番である。

しばらくして、M君が研究室に駆け込んできた。

「先生、キンギョが全身から粘液を放出、呼吸激しく、暴れています！」

早速見に行ってみると、たしかにM君の言う通りである。

「これは大変だ。この様子は……ひょっとして、5%の食塩を入れたのではないか？」

「あっ！」

すぐに0・5%の食塩水を作り、そちらにキンギョを移した。キンギョは間もなく落ち着いた。5%といえば、海水よりも濃い。

いろいろな失敗があるが、たいていは単純なミスや思い違いである。水温の設定を間違える。コンセントを入れ忘れる。などなど。月並みだが、こういう失敗を重ねて飼育技術を身に

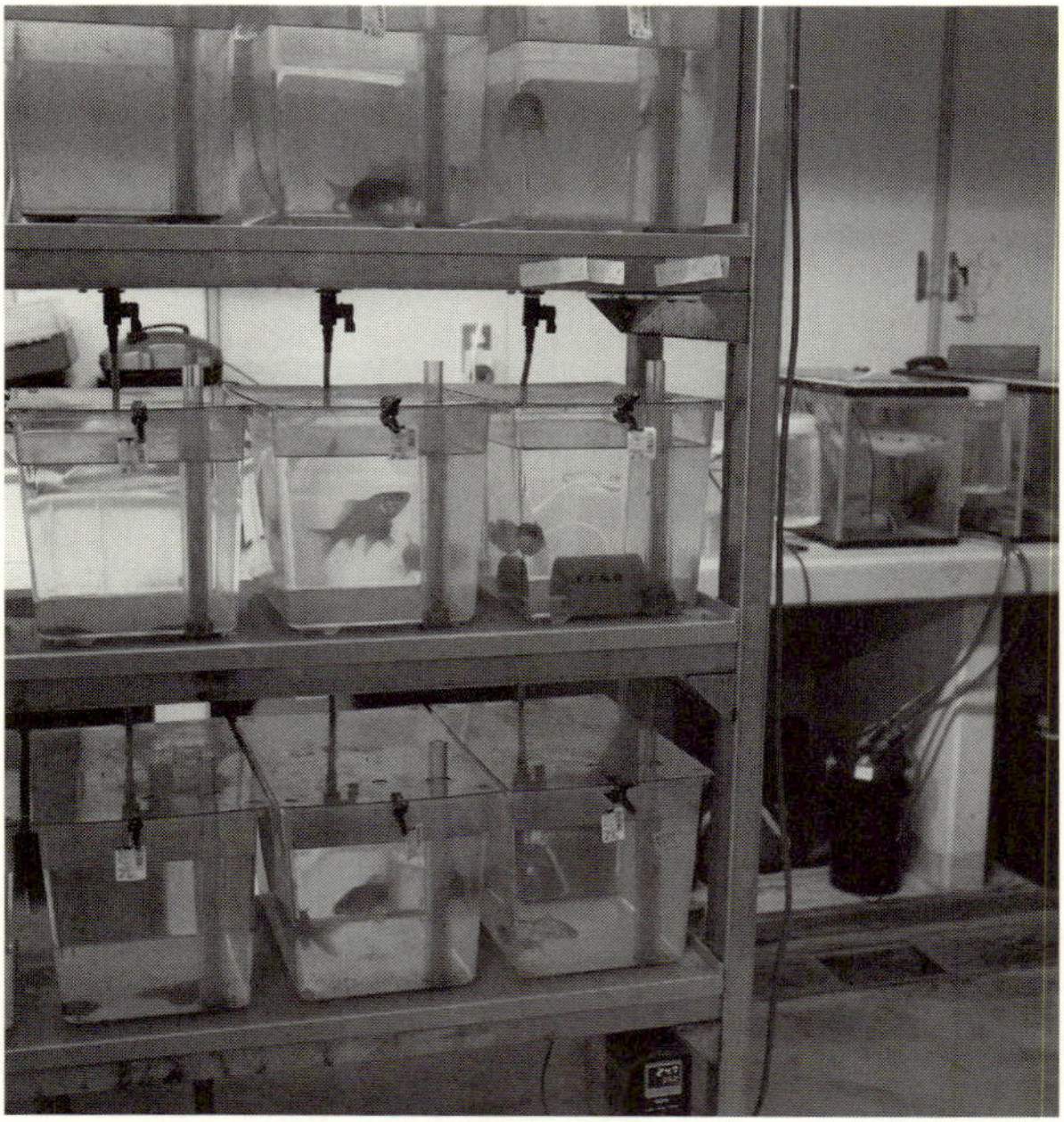

図 11 − 1　21 個の水槽が並ぶ、キンギョマンション。写真はその一部。

つけ、自分なりの工夫ができるようになっていくのである。

卒業する頃になると、

「なんであんなことをしたんでしょう。無知ってのは全く怖いものですねえ」

と、M君はまるで他人事である。

またある夜、F君が青ざめた顔で報告にきた。

「エンゼルフィッシュの稚魚が全滅してしまいました！」

「なんと、どうしたのだ」

当時、サカナの稚魚がどのようにして上手に泳げるようになるのか、ということについて、神経生理学的な研究をしていた。エンゼルフィッシュはそのための実験動物であった。稚魚が死んでしまっては、全く研究ができない。

「稚魚が全部水槽の底に沈んでいます」

「む、それは寝ているのだ」

エンゼルフィッシュの稚魚は、夜になると一ヶ所に固まり、水底に沈んで動かなくなる。成長した後もよく寝るサカナで、水底に横たわってグースカ寝てしまうこともあるほどだ（図11

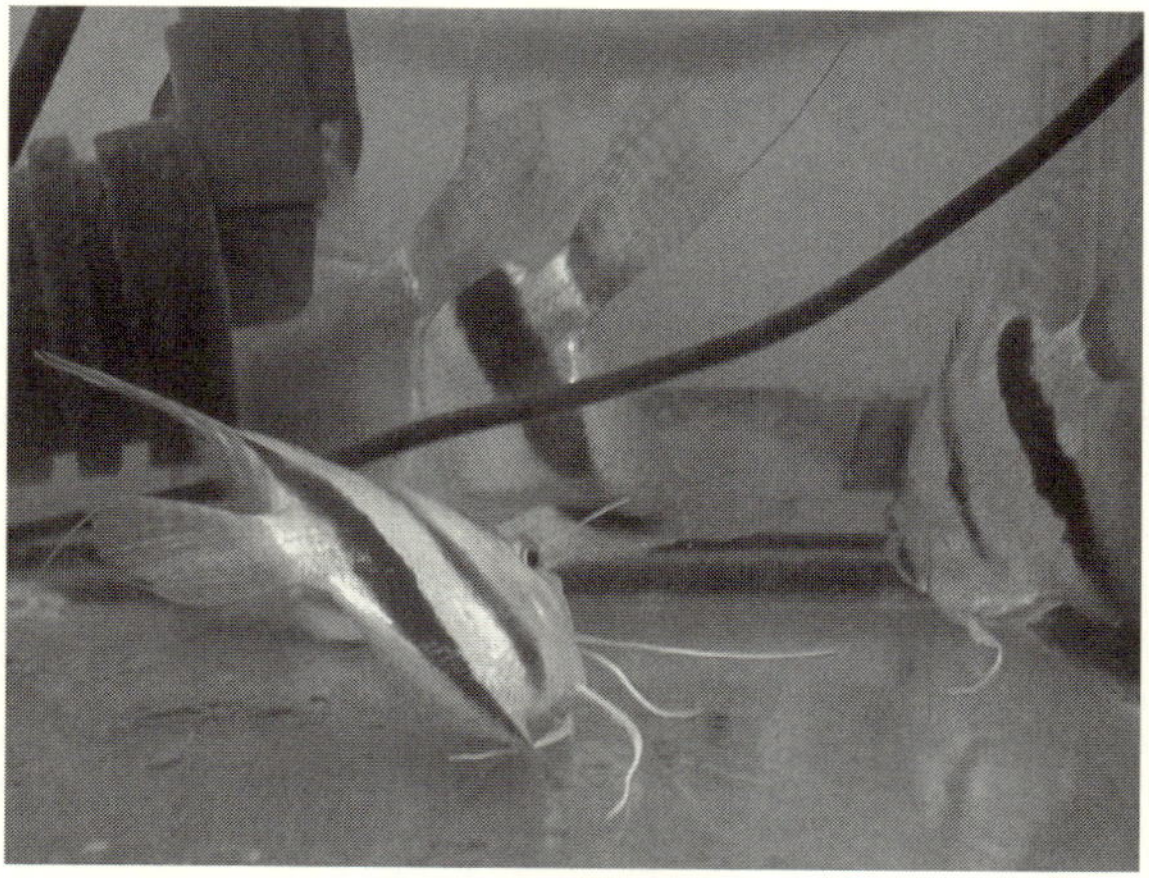

図11－2　横になって寝るエンゼルフィッシュ。

－2）。

なかには、自分の研究と関係がないサカナの飼育に、かなりのエネルギーを注ぐ学生もいる。つまり趣味的飼育。いろいろな動物（もちろんサカナも含む）を飼育することは、研究の可能性を広げることはあっても、妨げにはならない。だからわたしの研究室では、研究対象以外の動物の飼育も奨励される（というよりも自由放任）。教育・研究の一環である（図11－3）。

それをいいことに、いつの間にか飼育室の一角が占拠されてしまうこともある。不都合が生じない限り、これも看過される。

図 11 － 3　研究室で飼われている動物たち。上：ナマズのなーちゃん（上）と、まーちゃん（下）。側線の並びや口の形で見分ける。中：フトアゴヒゲトカゲ。下：フラワートーマン。

迷えるイイダコ

さて、どんなに上手に飼っても、動物が期待にこたえてくれないこともある。折に触れて思い出すのは、タコの経験である。

大学院生のY君は、どうしてもタコの研究がしたいという。タコといえば、まず思いつくのはマダコである。生きたマダコは手に入るが、いかんせん大きい。設備も大がかりになるので、何匹も飼育しておくのは厳しい。

「それじゃあ、イイダコはどうだ？　瀬戸内海でたくさん捕れるし」

「イイダコも好きです」

というわけで、早速、Y君を連れていくつかの漁協を訪ねた。漁協の方に、イイダコが捕れたら生かしておいてもらえるようお願いして、連絡を待った。

後日、イイダコが捕れたから港のいけすに入れておいたよ、という連絡を受けて早速受け取りに行った。

タコは新鮮な海水で飼わないといけないので、広島大学の水産実験所[*1]にもち帰り、飼育を始めた。しかしどうも様子がおかしい。いくらイイダコと言っても、妙に小ぶりである。よく見ると、模様もちょっと違うようだ。

いろいろ調べたところ、これはイイダコではなくて、イイダコモドキであることがわかった。「なんとかモドキ」という名前は、「本家に似ているけどちょっと違う」生物によくつけられている。「トックリヤシモドキ」とか、「スズメダイモドキ」とか。「なんとかダマシ」も多いですね。たとえば「ゴミムシダマシ」。

もっとひどいのは「なんとかダマシモドキ」である。「レイシダマシモドキ」（巻き貝の一種）なんかは、レイシガイかと思ったらレイシダマシだった、と思ったらそれでもなかった。ええい面倒だ、レイシダマシモドキにしてしまえ、ということだろうか。

さて、研究用のタコはイイダコモドキでもよいのだが、今後のことを考えるとやはりイイダコを確保したほうが、何かと都合が良い。

改めてあちこち手を回して、何個体か本家のイイダコを手に入れた。

Y君は毎日、イイダコに美味しいエサを与えるべく、カニを捕ったりアサリを掘ったり。そのかいあって、イイダコは卵を産み（図11－4）、かわいい稚ダコが孵化した（口絵11）。

これまたエサが大変で、小さなヤドカリをたくさん集めて稚ダコに給餌した。しかも、貝殻を背負ったままでは稚ダコが食べにくいだろうと、殻から出したヤドカリを与えていた。

図11－4　イイダコの卵塊。1ケ月くらいで孵化する。

「そりゃまたご丁寧なことをしているな」

わたしはつい、からかうようにつぶやいてしまった。

「先生は知らないでしょうけど、本当に大変なんですよ！」

Y君は少し怒ったような、泣き出しそうな様子で言い返してきた。わたしは軽率な発言をすごく反省しました。磯に這いつくばって小さなヤドカリを集めているY君の姿を思い浮かべた。そうだよな、本当に大変だよな。

食欲旺盛なイイダコもだいぶ成長して、やっと実験に取りかかれるサイズになった。イイダコの空間学習の実験をする。十字迷路とよばれる、単純な迷路で空間認知能力を調べるのである（図11－5）。

Y君はかなり粘ったのだが、結局イイダコは全く迷路学習ができなかった。イイダコの立場から言えば、「学習しなかった」のかもしれないが。

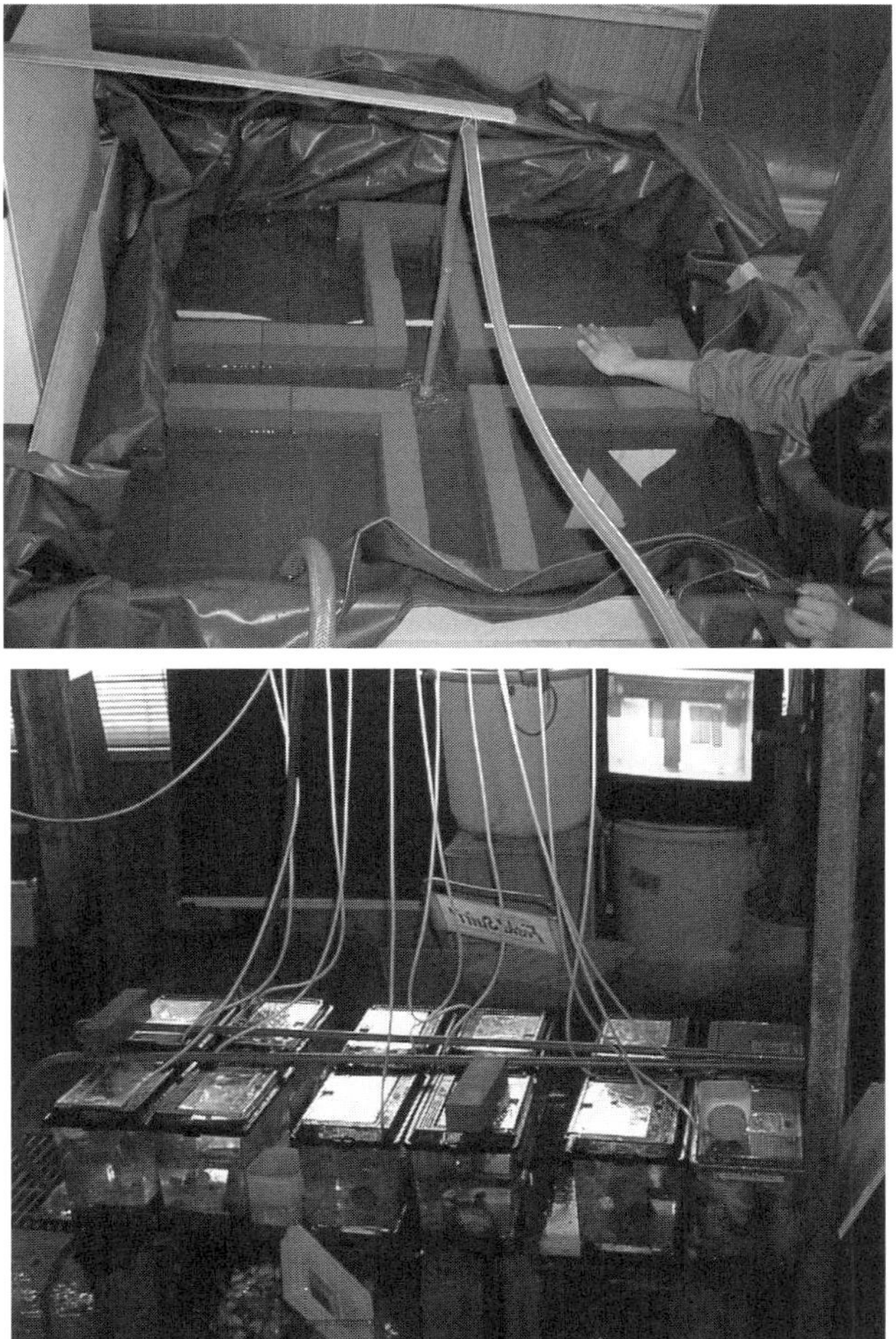

図 11 − 5　上：イイダコの空間認知能力を調べる、十字迷路。
下：実験室で生まれたイイダコが入っている、イイダコマンション。

マダコの知能の高さは有名である。ビンのフタを開けられるとか、他のタコがやっていることを見て真似できるとか。イイダコは違った。水槽の外にエサを置くと、何度でも突進して壁にぶつかっている。タコはタコでも、マダコとは生き方が違うのかもしれない。

ここまで、ほぼ1年かかっている。結果が出ないのはかなりつらい。

しかし、Y君は思いのほかめげていないではないか。Y君は抜かりなかった。実験室で生まれたイイダコが成長する過程で、定期的にサンプルを保存していた。

タコやイカなどの頭足類《とうそく》は、無脊椎動物の中でも特別に大きな脳をもっている。イイダコの成長と脳の発達の関係はどうなっているのだろうか。研究の内容を大きく転換して、新たな課題に取り組むことにした。

この研究は予想以上の成果を上げ、立派な論文が出来上がった。

当初の計画通りにはいかなかったものの、丁寧に飼育を続けたからこそ、見方を変えた研究が可能になったのである。

動物を使った実験は、どんなに綿密に計画を立てても、思い通りにいかないこともある。というよりも、思い通りにいかないほうが圧倒的に多い。「そうきたか」となって、実験は仕切り直しとなる。

いまだに打開策が見出せない実験がひとつある。サカナの心理状態は、呼吸（口とエラブタを動かして、エラに水を通す運動）の様子に反映される。ゼブラフィッシュを使って、呼吸の変動から心理状態を推測することを試みた。ゼブラフィッシュを、体の大きさにフィットした筒に入れる。頭のあたりの筒の外側に、エラブタの動きを感知するセンサーをセットする。落ち着かせるために、筒ごと箱に入れて暗くする。

しばらく測定していると、なぜか呼吸が止まっているではないか。そんなバカな、ということで箱を開けてみると、頭とシッポの位置が入れ替わっている。一体どうやって、と思ってよく観察すると、向きを変えることは不可能と思えたわずかな空間で、何度も反転しているではないか。

筒を小さくして、体を押さえつけてしまうと、正常な呼吸が測定できなくなってしまう。わずかでも大きくすると、その中で思いのほか大胆に動いてしまう。

何人かの学生が挑戦したが、満足できる方法はいまだに考案されていない。

標本は鮮度が命

採集にも努力を要する。

いろいろなサカナの脳の形態と生息環境との関係を調べる、というのがわたしたちの研究テーマのひとつである。そのためには新鮮な標本（つまりサカナ）が必要である。市場に並んでいるぐらいの鮮度でも不十分である。よって、自分たちで調達することになる（図11－6、7、8）。

瀬戸内海のサカナをメインで扱っているので、あまり遠征する必要はない。その辺の海で釣ってくればよい。あるいは、網ですくってくればよい。ところが、わたしもふくめて、研究室の面々は、あまり釣りが上手ではない。立派な道具が揃っているわけでもない。

かつては、頭から爪先までどっぷり釣りにハマってます、というような連中がいたのだが、最近はあまりそういう学生は入ってこない。

いかにも、「素人です」という感じの釣りスタイルである。わたしたちだって、精一杯の努力はしているのだ。遠方での学会などに参加する時も、釣り道具をもっていくほどである。大学周辺では手に入らないサカナが捕れる可能性があるからだ。

ヘタなりにも、少しずつ脳標本にするサカナの種類が増えているのは事実だ。既に50種類程度は集まっている。そもそも、一度に何種類も集めたって、処理が追いつかない。だから、これぐらいのペースでよいのだ（ということにしている）。

とまあ、大変なんだということばかり書いてきたが、結局のところは、これが楽しいのである。どうやって目的のサカナを捕るか、どうやって運ぶか、どうやって飼うか。そのうえで、どうやって本来の能力を引き出して、サカナの考えていることを覗き見るか。

簡単にはいかないからこそ面白く、探究を深めていくのである。

ところで、サカナの脳の組織は傷みやすい。市場に並ぶ頃には、張りが無くなり、色も悪くなる。スーパーで売りに出される頃には、早くも形が崩れ始めてしまう。新鮮さが重要である。

だから、必要なサカナを釣ったら（あるいは網で捕ったら）、深く麻酔をかけてから頭を切り落とし、特に速やかに効くように配合した固定液[*2]に漬ける（サカナの麻酔については6章参照）。

あるいは、氷漬けにしてもち帰り、研究室で処置する。サカナは外温動物[*3]なので、氷漬けにすることで、麻酔がかかったような状態になり、しばらくすると死に至る。氷冷しておけば、

図 11 − 6　自力での採集活動。上：釣りによるサンプル採集。いかにも素人っぽい。中：水槽を箱メガネ代わりにして見釣り。その様子を観察するＴ君。下：力強いシロザメ、３人がかりで計測。

図 11 － 7　上：サカナ捕りに向かう。中：網で採集、腰がきつい。下：網を引く。

脳の組織は、数時間は良い状態に保たれる。

頭以外の体の部分はもちろん食べる（麻酔薬を使ったサカナは別として）。わたしの研究室には、調理設備一式が備えられている。

サカナ好きのくせに、そんなことをしてかわいそうだと思わないんですか。などと言わないでほしい。身の部分は、いつも金欠の学生の貴重な栄養となる。そして、ふつうは食べられることのない頭（脳）は、標本としていろいろな場面で活躍する。


脳と生活の関係をさらに詳しく調べるには、それに適したサカナを選ぶ必要がある。系統分類学的[*4]に近い関係にあるが、多様な環境へ適応した種に分かれているようなサカナがよい。あるいは逆に、系統分類学的には遠いが、同じような環境で同じような生活をするサカナを選ぶという手もある。

どちらも、進化と適応と脳の関係を調べるのに役立つ。

わたしたちは、ハゼの仲間に注目した。

瀬戸内海にはたくさんの種類のハゼがいる。潮間帯の岩場に棲むもの、波打ち際の砂底に棲むもの、常にふわふわ泳ぎ回っているもの。いろいろである。

どれもハゼ科に属しているが、生活の仕方がそれぞれ違う。脳の形にもそれが表れているはずだ。

「M君、T君（どちらもここで初登場の大学院生）、これを詳しく調べようじゃないか。生活と脳の形の関係が、より明確に浮かび上がってくるはずだ」

「面白そうですね」とM君。

「まずは、タイプの違う何種類かのハゼを集めなくては」

「捕りに行きましょう。でも、どこでどうやって捕まえるんですか」とT君。

「島で、見釣りだ」

早速、研究室総出で島に採集に向かった。車で1時間も走れば、瀬戸内の島である。

見釣りとは、読んで字のごとく、狙ったサカナを見ながら釣るのである。海に入って、箱メガネや水中メガネで水の中をのぞいて、ほしいサカナを探す。見つけたら、その目の前にエサを付けた釣針をもっていって、釣る。必要なサカナを、必要なだけ集めることができる。

言うは易《やす》く、行うは難《かた》し。なかなか思うようには捕れないものである。

まず、目的のハゼを見つけなければならない。うまいこと見つけて、さあ釣ろうとしたところで、ベラやらフグやらが集まってきて、あっという間にエサを取っていってしまう。大苦戦

図 11 − 8　目的のハゼを探す。

図 11 − 9　この中に、アゴハゼ、ダイナンギンポ、ナベカがいます。わかるかな？

（答え：手前から、ダイナンギンポ、ナベカ1、アゴハゼ、ナベカ2）

である。下手にジタバタ動くと、せっかく見つけたハゼが逃げてしまう。激闘の末、どうにか4種類のハゼを確保した。どれも少しずつ生活様式が異なっている。これが、脳構造の細部に反映されているに違いない。環境へのサカナの適応と脳の進化との関係が浮かび上がってくることを期待している。

他の海岸にも行ってハゼ類を採集した（口絵12）。網で捕ると、ハゼ以外にもいろいろ捕れて、面白い（図11－9）。瀬戸内海は、波が静かで、海岸は変化に富んでいる。岩あり砂あり泥あり。潮の干満の差が大きいことが、さらに多様な環境を作り出している。海の生き物を観察するには最高の環境だ。スキューバダイビングをしなくても、ちょっと海に入るだけで驚くほどいろいろな生き物に出会うことができる。

どこを深く掘り下げて探究するかは、研究者の好み次第だ。わたしの場合、サカナの環境への適応と、脳の発達や行動との関係に注目している。こんなところに棲んで、こんな行動をして、何を考えているのか。

サカナを捕りに行くたびに、新しい興味が湧いてくる。次はこんなことを調べよう、と。

＊1　**水産実験所**：瀬戸内圏フィールド科学教育研究センター竹原ステーション。

＊2　**固定液**：細胞が生きていた時の構造をできるだけ保つように、ホルムアルデヒドやアルコールなどの化学物質を調合した溶液。用途に応じていろいろな化合物や配合率が使われる。

＊3　**外温動物**：変温動物ともいう。体温維持のための熱を作り出さず、体温は外の温度に左右される。哺乳類や鳥類は内温動物（恒温動物）。

＊4　**系統分類学**：生物をその系統と類縁関係に基づいて分類を行う学問。

12

スズキだって癒やされたい

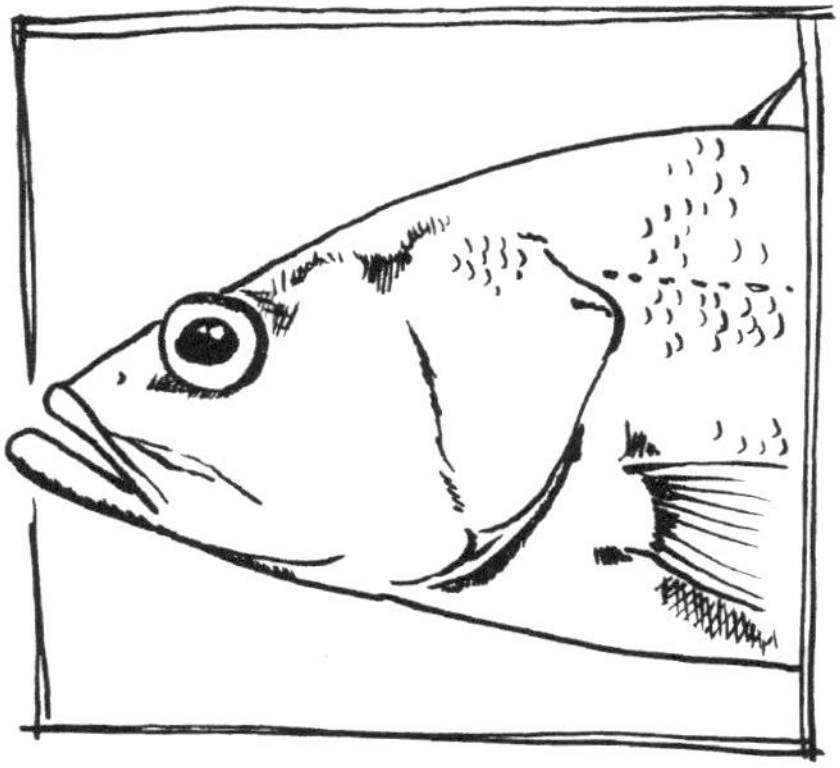

スズキ頭部

ハゼが消えた

ある秋の日、今年(2016年)のハゼ(マハゼ)の様子を見に、K川の河口に行った。天ぷらや唐揚げにするサカナの中では、なんと言ってもハゼが一番である。そんなにいろいろなサカナを試したわけではないけれど、とにかく一番うまい。

K川の河口あたりは、のんびりとした雰囲気で足場も良く、晩秋のハゼ釣りに最適である(あった)。研究室恒例のハゼ釣り大会(吉田杯ハゼ王決定戦)も何度も開催した(図12-1)。ところが、ここ数年、ハゼがほとんど釣れない。

橋の上から投網を投げている地元の方に聞いたところ、やはり最近はハゼの数がめっきり減ったそうだ。かつては、満ち潮に合わせてぞろぞろと川を上っていくものだったと。わたしも、15年ほど前にはこの場所でそんな様子を見たことがある。

一体何が起きたのだろうか。10年ぐらい前に護岸工事が行われ、両岸がコンクリートで固め

図12－1　ハゼ釣り大会。吉田杯ハゼ王決定戦。

られたせいだろうか。

「それが原因かもしれませんね」とわたし。

「いや、そればかりではない」とおじさん。

隣の市に住む彼の知人によれば、その市に河口をもつN川でも、ハゼがすっかり減ったという。

フグ（主にクサフグか）は増えた。ニワトリの卵ぐらいの大きさのやつがそこらじゅう泳いでいる。これではそもそも釣りにならない。チヌ（クロダイの地方名）も増えた。ハゼを釣ろうとして仕掛けを投入すると、フグに加えて、子どもの掌《てのひら》ぐらいのチヌがよく釣れる。

環境が変わり、競争者が増え、新しいバランスに到達しつつあるのか。瀬戸内海がきれいになったことも一つの要因かもしれない。

ところで、そもそもおじさんはそんなところで投網を投げて何を捕るのだろう。網目がえらく大きいので、ハゼやら小さいチヌやらは捕れそうもない。どうせハゼは釣れないので、しばらく横で見ていた。

おじさんの目がキラリと光った。

引き潮にのって、大きなスズキが橋の下を海へと下っていくところであった。間髪を入れず投げ込まれた網が見事にそのサカナを捕らえた。よく見ていると、何匹もの大きなスズキが次々に下っていくではないか。おじさんは、これを待っていたのである。

しかも、さらに目を凝らすと、どのスズキも体に傷を負っている。ヒレが破れていたり、体表が擦れて血が滲んでいたり、あまり元気そうではない。

投網のおじさんは、わたしがその場を離れる時も、橋の下にじっと目を凝らし続けていた。捕ったスズキは自分で食べるのだろうか、それとも売るのだろうか。ケガをしてくたびれているスズキって、あんまり美味しそうではないのだけど。

スズキは「知っている」のか？

そもそもこのスズキたちは何をしていたのか。

もともとスズキは、河口付近でエサを捕ったりする性質があるが、橋の下を通っていくスズキは、いかにも泳ぎに力がない。彼/彼女らは傷を癒やしに川を上っていたに違いない。

海にいると、塩分が濃い（浸透圧が高い）ので、傷口から水分が失われていく。満ち潮の時に川へ上れば、適当に海水が薄まっていて（体液の浸透圧は海水の約3分の1である）、体がラクなのだ。

引き潮時になると、周囲が淡水になるので浸透圧が下がり、川に残っていたのでは、逆に体に水が入ってきてしまう。すると今度は、河口付近の適当な塩分濃度のところまで下ってきて養生するのだろう。

サカナは、浸透圧が体液と大きく異なるところでは、体の水分（あるいは塩分濃度）を適切に保つために、普段からかなりのエネルギーを費やしている。ケガをして弱っている時には、その負担は無視できないのだ。

わたしが疑問に思うのは、彼/彼女らは傷を負って「しんどい」と感じているのだろうか、ということである。そして薄まった海水に浸ると「気分が良い」のだろうか。

サカナも痛みを感じることは、多分間違いない。もちろんこれには異論もある。と言うより、サカナに痛みがあると考えている人のほうが少ないだろう。
痛みを感じるには、次の3つのしくみをもつことが必要だ。
①体を傷つけるような刺激を受け取るしくみ（痛みの受容器）
②その刺激を脳に伝えるしくみ（感覚神経）
③痛いという主観的な感覚を作る脳のしくみ
1番目と2番目は、人間がもっているのと似たしくみをサカナももっている。ただし、その数（というよりも密度）は少ない。
ところが、3番目については、サカナの主観がわからないので、知りようがない。ただ、少なくとも体が傷ついた時の行動（「痛い」ところを何かにこすりつけるとか）を見ていると、何らかの「感じ」をもっているようにみえる。この行動は、単なる反射の連鎖であると言う人もいる。

さて、このスズキの場合はどうだろう。川に上がってくるのは、単なる反射だと考えてみよう。すると、
〈第1の考え方〉

体に傷を負う
↓傷口から水の損失
↓体液濃度の上昇
↓反射としての方向転換と遊泳
↓周囲の塩分濃度が直前よりも低ければそのまま前進、高ければ再度方向転換
↓これを繰り返す
↓低塩分濃度の水に移動
↓結果的に川を遡上

という一連の刺激と反応が連鎖的に進行する、ということだ。潮が引いて、川の塩分濃度が低くなると、これと逆の過程が進行して、海へ下る。

別の考え方をしてみよう。

〈第2の考え方〉

スズキは、川は塩分濃度が低く、海は塩分濃度が高いことを「知っている」（もちろん塩分濃度という言葉のことではない）。体に傷がある時には、周囲の塩分濃度が低めのほうが「ラク」であることを「知っている」。

ケガをすると、しんどいので、なんらかの意図のようなものをもって、ラクなところに移動する。だから、ケガをした時には、ちょうどよい塩分濃度の水を求めて海と川を行き来する。この「なんらかの意図」とは、気分が良い状態への期待である。

第1の考え方は、実験的な証明の道筋を考えやすい。特定の行動が生じるしくみを研究する時の一般的な（あるいは古典的な）アプローチである。要素ごとの原因と結果がきっちり対応していて、その連鎖によって、最終的に一見複雑な行動が実現する。

一方、わたしたちは第2の考え方を検証する手立てをいまだもっていない。これをなんとかできないだろうか。

わたしたちは、ずっと第1のアプローチをとってきた。これからもそうだろう。しかし、それだけでは済まされない段階に来ているのではないだろうか。少なくともわたしは満足できない。

「知っている」とはどういうことなのか。わたしたち人間は、何かを「知っている」ことを「知っている」。これは、メタ認知とよばれる機能である。「気付いている状態」と言ってもよいかもしれない。人間の内省や複雑なコミュニケーションのために重要なしくみだ。

サカナに、このような機能を想定するのはナンセンスなのだろうか。

第1と第2の考え方は、それぞれ両極端の例である。この中間的な説明も可能だろう。必ずしも「気付き」を必要としないけれども、何らかの意図を実現するような仮説も立てられる。どのような仮説を立てて、それをどのような手段や方法で検証していけばよいのだろうか。良いアイディアをおもちではないですか。

ence, 114, 687–699.

Noda, M., Gushima, K., Kakuda, S. (1994) Local prey search based on spatial memory and expectation in the planktivorous reef fish, *Chromis chrysurus* (Pomacentridae). *Animal Behaviour,* 47, 1413-1422.

Rodríguez, F., López, J. C., Vargas, J. P. et al. (2002) Conservation of spatial memory function in the pallial forebrain of reptiles and ray-finned fishes. *Journal of Neuroscience,* 22, 2894–2903.

Yoshida, M., Kanto, Y., Tsuboi, M. et al. (2013) Rapid acquisition of an appetitive conditioned response in an intertidal fish, *Tridentiger trigonocephalus* (Gobiidae), using an ethologically relevant conditioning paradigm. *Behaviour,* 150, 585–598.

Yoshida, M., Kondo, H.（2012）Fear conditioning-related changes in cerebellar Purkinje cell activities in goldfish. *Behavioral and Brain Functions,* 8, 52.

6　サカナも麻酔で意識不明？

Misawa, A., Kada, S., Yoshida, M.（2014）Comparison of the mode of action of three anesthetic agents, 2-phenoxyethanol, MS-222, and eugenol on goldfish. *Aquaculture Science,* 62, 425–432.

Ross, L. G. and Ross, B.（2008）*Anaesthetic and Sedative Techniques for Aquatic Animals,* 3rd edition. Blackwell.

7　各方面に気を配るトビハゼ

Takiyama, T., Hamasaki, S., Yoshida, M.（2016）Comparison of the visual capabilities of an amphibious and an aquatic goby that inhabit tidal mudflats. *Brain, Behavior and Evolution,* 87, 39–50.

8　眼を見て誰かを当てるの術

Yoshida, M., Terabayashi, I., Kamei, T. et al.（2013）Individual identification of goldfish from eye morphology：the eye mark method. *Zoological Science,* 30, 962–966.

10　ハゼもワクワクするか

Aronson, L. R.（1971）Further studies on orientation and jumping behavior in the gobiid fish, *Bathygobius soporator. Annals of the New York Academy of Sciences,* 188, 378–392.

Carlson, H. R., Haight, R. E.（1972）Evidence for a home site and homing of adult yellowtail rockfish, *Sebastes flavidus. Journal of the Fisheries Research Board of Canada,* 29, 1011-1014.

López, J. C, Bingman, V. P., Rodríguez, F. et al.（2000）Dissociation of place and cue learning by telencephalic ablation in goldfish. *Behavioral Neurosci-*

3 ゼブラフィッシュは寂しがり

Cachat, J., Stewart, A., Grossman, L. et al.（2010）Measuring behavioral and endocrine responses to novelty stress in adult zebrafish. *Nature Protocols,* 5, 1786–1799.

Engeszer, R. E., Ryan, M. J., Parichy, D. M.（2004）Learned social preference in zebrafish. *Current Biology,* 14, 881–884.

Gerlai, R., Lahav, M., Guo, S. et al.（2000）Drinks like a fish：zebra fish（*Danio rerio*）as a behavior genetic model to study alcohol effects. *Pharmacology, Biochemistry and Behavior,* 67, 773–782.

Izard, C. E.（1977）*Human Emotions.* Plenum Press.

Kohda, M., Jordan, L. A., Hotta, T. et al.（2015）Facial recognition in a group-living cichlid fish. *PLoS ONE,* 10, e0142552.

幸田正典（2015）「顔」で仲間を識別する魚がいた！.『水族館発！みんなが知りたい釣り魚の生態』成山堂書店 .

Saverino, C., Gerlai, R.（2008）The social zebrafish：behavioral responses to conspecific, heterospecific, and computer animated fish. *Behavioural Brain Research,* 191, 77–87.

4 サカナの逃げ足

岡田貴史 , 吉田将之（2011）「簡易型魚類行動定量化ソフトウェアの開発と小型魚類の逃避行動解析への適用」『水産増殖』59, 367–373.

5 恐怖するサカナ

Brown, G. E., Chivers, D. P.（2006）：Learning about danger：chemical alarm cues and the assessment of predation risk by fishes. in *Fish Cognition and Behavior*. Brown, C., Laland, K., Krause, J.（eds.）. 49-69. Blackwell.

von Frisch, K.（1938）Zur Psychologie des Fisch-Schwarmes. *Die Naturwissenschaften,* 26, 601–606.

Yoshida, M., Hirano, R.（2010）Effects of local anesthesia of the cerebellum on classical fear conditioning in goldfish. *Behavioral and Brain Functions,* 6, 20.

引用文献

まえがき　サカナにはサカナの考えがある

Griffin, D. R.（2001）*Animal Minds : Beyond Cognition to Consciousness.* University of Chicago Press.

1　サカナの脳は小さいか

Dicke, U., Roth, G.（2016）Neuronal factors determining high intelligence. *Philosophical Transactions of the Royal Society B,* 371, 20150180.

Jerison, H. J.（1979）The evolution of diversity in brain size. In *Development and Evolution of Brain Size.* Hahn, M.E., Jensen, C., Dudek, B. C.（eds.）. Academic Press, 29–57.

Mackintosh, N. J., Cauty, A.（1971）Spatial reversal learning in rats, pigeons, and goldfish. *Psychonomic Science,* 22, 281–282.

Olkowicz, S., Kocourek, M., Lučan, R. K. et al.（2016）Birds have primate-like numbers of neurons in the forebrain. *Proceedings of the National Academy of Sciences,* 113, 7255–7260.

Rosenzweig, M. R., Breedlove, S. M., Watson, N. V.（2005）*Biological Psychology,* 4th ed. Sinauer Associates.

2　サカナは臆病だけど好奇心もある

中村純平、吉田将之（2011）「キンギョにおける新奇物体に対する探索行動とその経時的変化」『水産増殖』59, 419–425.

Yoshida, M., Nagamine, M., Uematsu, K.（2005）Comparison of behavioral responses to a novel environment between three teleosts, bluegill *Lepomis macrochirus,* crucian carp *Carassius langsdorfii,* and goldfish *Carassius auratus. Fisheries Science,* 71, 314–319.

あとがき

同じ人間であっても、他人の考えを理解することはなかなか難しい。ましてや、サカナが考えていることなんてわかりっこない。わたしだって、そう思うことはよくある。だからこそ、挑戦し甲斐があるのである。

サカナ自体が面白くて、「あいつら何を考えているのだろう」という動機もあるし、サカナの心と脳の研究が、人間の理解につながるという希望もある。

動物の行動や心理を研究するうえで、擬人化した考え方というのは一種の禁忌とされている。わたしは、必ずしも擬人化が真の理解の妨げになるとは考えていない。もちろん、観察データのまとめや、客観的な伝達をする場合には、注意しなければならない。しかし、研究の動機や、日々の飼育のはげみとして、無理に抑えておく必要のあるものでもない。

人間の脳と心のしくみを理解するために、いろいろな研究が行われている。進化的にも、脳のつくり的にも、人間に近い動物（サルやチンパンジーなど）を研究対象としている人もいる。わたしのように、基本構造のみを共有したサカナを使って研究している人もいる。

実験動物を、人間への応用のための「モデル」としてのみ捉えていたのでは、面白さ半減である。いろいろな動物をモデル（というよりも、現象解明のための足がかり）にしている研究者たちがいるが、少なくともわたしが知る限りでは、みなその動物そのものにも強い興味や愛着を抱いている。だからこそ、大変な苦労（と喜び）をともなう研究を地道に積み上げていくことができるのだ。

行きつ戻りつしながら、少しずつ、コツコツと積み上げていく研究は、大学の責務である。研究の主な担い手は学部生・大学院生である。彼／彼女らは、入ってきて、そして出ていく。大学は教育機関なので、成果よりも、その研究に取り組んだ過程が大切である。

卒論を書いて出ていく学部生は1年余り、大学院生でも数年程の滞在である。真剣な研究を通して得た、非物質的で豊かな経験は、研究を行った本人以外にもきっと波及する。

研究室としては、「サカナを理解し、ヒトの理解へつなげる」という、大きなテーマを掲げているが、個別の研究テーマが必ずしもこの大テーマに直結するわけではない。

それぞれの学生には、それぞれの好みや適性や事情があるわけで、一丸となってひとつのテーマに取り組む、とはならない。けれども、それぞれのテーマは、「サカナはどのように生き、どのように考えるか」という線で、緩やかにつながっている。
わたしたちの研究のゴールは、「そうか、こうなのか!!」という明快な解の得られるものではないだろう。なんとなーく、こんな感じなのかな、という、輪郭のはっきりしない理解ぐらいにまで至ることができるとよいのだが。

最後になりましたが、この本を手にとってくださった読者のみなさま、ありがとうございます。「すぐには役立ちそうもないけど、こんなことを続けるのも面白そうだな」と思っていただけたら、筆者として望外の喜びです。
築地書館の北村緑さん。わたしたちの研究活動を拾い上げ、このような本を書く機会を与えてくださいまして、心より感謝します。

2017年　初夏

吉田将之

【著者紹介】

吉田将之（よしだ　まさゆき）

1965年茨城県生まれ。鹿児島大学理学部卒業。広島大学で博士号取得。現在、広島大学大学院生物圏科学研究科・准教授。

幼少時より動物の採集と飼育に励む。サカナや他の動物を理解することで、人間の理解に近づきたい。カエルの味覚、カタツムリの脳、サカナの遊泳、オタマジャクシの脊髄、などの研究を経て、現在はサカナの心への生物心理学的なアプローチに取り組む。山も海も好き。

著書（いずれも分担執筆）

『魚類のニューロサイエンス』（恒星社厚生閣、2002年）

『動物は何を考えているのか？（動物の多様な生き方4)』（共立出版、2009年）

『メジナ　釣る？　科学する？』（恒星社厚生閣、2011年）

『生命・食・環境のサイエンス』（共立出版、2011年）

『研究者が教える動物飼育・第3巻』（共立出版、2012年）

『研究者が教える動物実験・第2巻、第3巻』（共立出版、2015年）

魚だって考える
キンギョの好奇心、ハゼの空間認知

2017年9月7日　初版発行

著者　吉田将之
発行者　土井二郎
発行所　築地書館株式会社
東京都中央区築地7-4-4-201　〒104-0045
TEL 03-3542-3731　FAX 03-3541-5799
http://www.tsukiji-shokan.co.jp/
振替 00110-5-19057
印刷・製本　シナノ出版印刷株式会社
装画　SANDER STUDIO
装丁　アルビレオ

ISBN 978-4-8067-1545-0

● 築地書館の本 ●

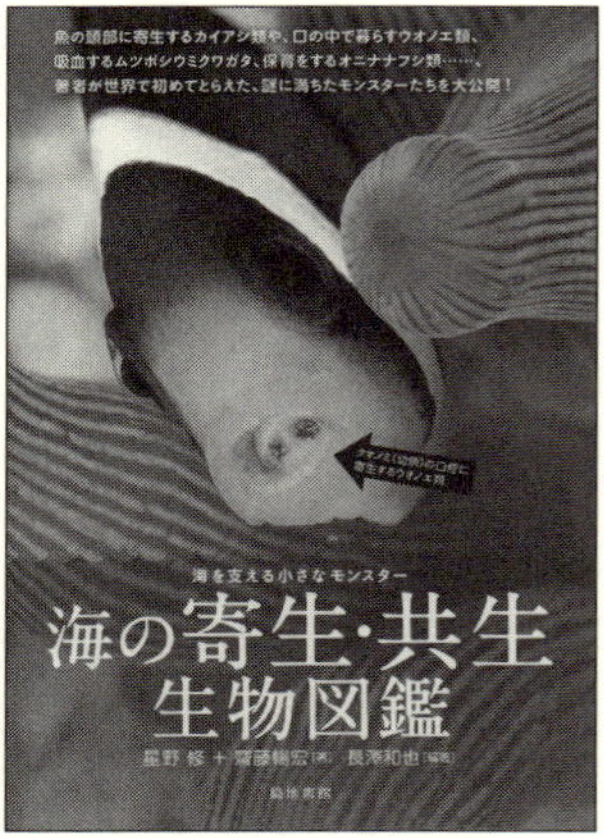

海の寄生・共生生物図鑑

海を支える小さなモンスター

星野 修＋齋藤暢宏【著】長澤和也【編著】
1,600 円＋税

魚の頭部に寄生するカイアシ類、口の中で暮らすウオノエ類、著者が世界で初めてとらえた、謎に満ちたモンスターたちを大公開！
年間 500 本の潜水観察と卓越した撮影技術によって、寄生・共生生物と特徴的な生態をもつ生物たちの、知られざる姿と驚きの生活ぶりを伝える。

ウナギと人間

ジェイムズ・プロセック【著】小林正佳【訳】
2,700 円＋税

太古より「最もミステリアスな魚」と言われ、絶滅の危機にあるウナギ。

ポンペイ島のトーテム信仰から米国のダム撤去運動、産卵の謎から日本の養殖研究まで、世界中を取材し、ニューヨーク・タイムズ紙「エディターズ・チョイス」に選ばれた傑作ノンフィクション。

価格・刷数は 2017 年 7 月現在

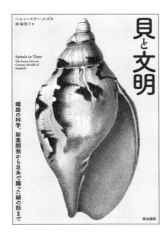

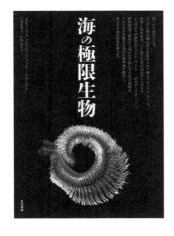

● 築地書館の本 ●

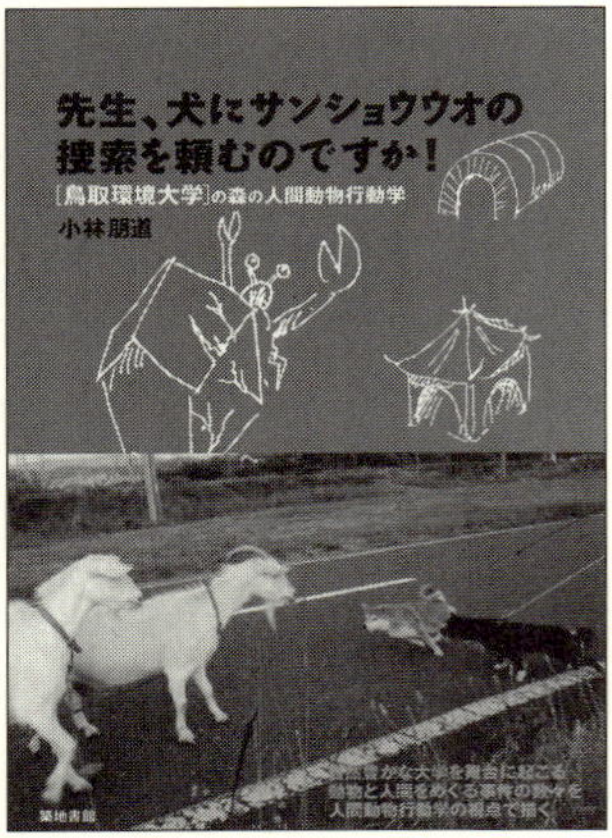

先生、犬にサンショウウオの捜索を頼むのですか！

［鳥取環境大学］の森の人間動物行動学

小林朋道【著】
1,600 円＋税

ヤドカリたちが貝殻争奪戦を繰り広げ、飛べなくなったコウモリは涙の飛翔大特訓、ヤギは犬を威嚇して、コバヤシ教授はモモンガの森のゼミ合宿で、まさかの失敗を繰り返す。

大人気の先生シリーズ、11 冊目。

お皿の上の生物学

小倉明彦【著】
1,800 円＋税　◉ 2 刷

大阪大学で行われた、五月病に感染しつつある学生のための講座の実録と、未遂の講義（その講座は 1 学期開講だったが、もし 2 学期に開講するとしたらこんなネタでやろうかなと準備したメモ）と、学生実習「レポートの書き方」が 1 冊の本に。

価格・刷数は 2017 年 7 月現在